HEART
心|視野

HEART
心|視野

李雅雯（十方）著

與家人的財務界線

富媽媽教你釐清家人的金援課題，妥善管理親情的金錢漏洞

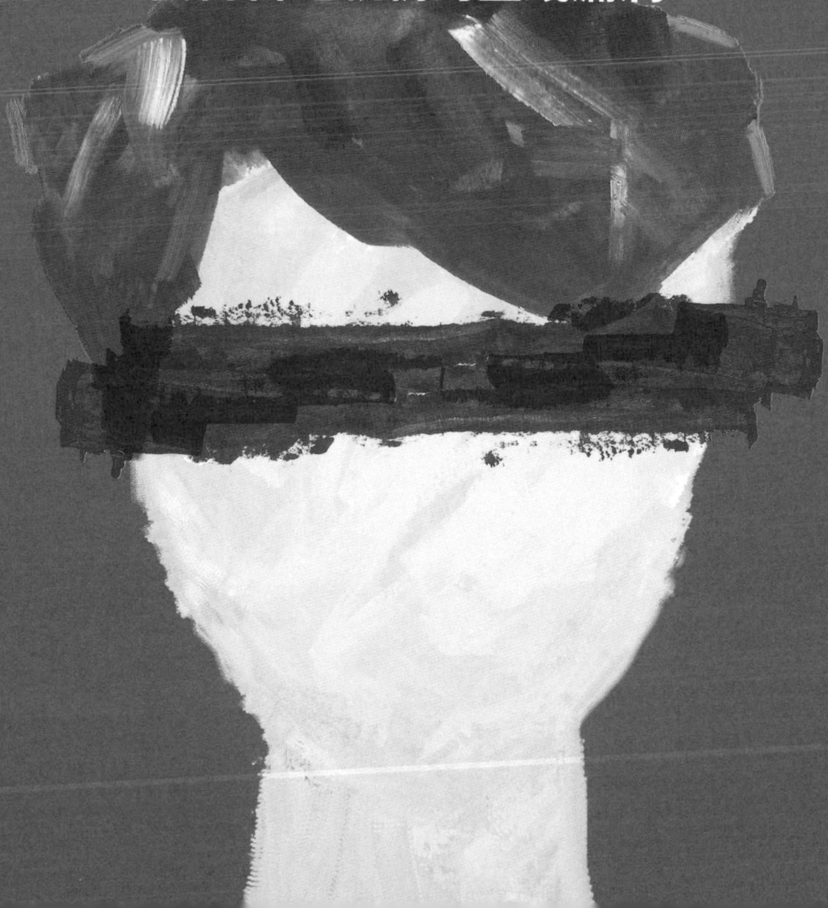

目錄

推薦序　關係中的金錢課題，就跟面對隱疾一樣難以啟齒／JoJo　7
推薦序　真正的金錢課題，是「關係」／柚子甜　11
推薦序　該維護自己的時候別膽怯／洪仲清　15
推薦序　尊重自己家庭的財務規劃，是維繫關係的底線／梁維珊　19
推薦序　誰，沒有因為「金錢」而受過傷呢？／鄭匡宇　23
序　言　一開口就暴雷的話題，深藏每個家庭　25

PART 1
理自己的財，卻拿去填補家庭的洞

第1章　這是我的故事，或許讓你覺得似曾相識　35

PART 2

家庭財務界線引發的問題

第2章 家家都有一份「錢與人」的理財考卷 61
第3章 金錢圈：錢包的界線，決定誰可以用你的錢 77
第4章 金錢依賴：家家都有自己的「生態圈」 101
第5章 金錢義務：設定「給予的限度」 119
第6章 金錢性格：一個人花錢的習慣、喜好、品味 137
第7章 金錢藍圖：有步驟、有階段的「預想」 163

PART 3

如何設立與家人的財務界線？

第8章 金錢界線的五大原則 195
第9章 因果原則：「不幫」才是真正的「幫」 201
第10章 露出原則：勇敢說出自己的不喜歡 211
第11章 「為什麼」原則：看清你底層的「動機」 219
第12章 責任原則：先為自己負責，再滿足他人 229
第13章 不「一」原則：不只歸咎一個人，還有關係人 243

PART 4

理性與感性的內在糾結

第14章 不幫，就是自私嗎？ 253
第15章 不幫，就是不孝嗎？ 259
第16章 不幫，害了他怎麼辦？ 265
結語 面對問題，不讓親情成為財務枷鎖 271

推薦序

關係中的金錢課題，就跟面對隱疾一樣難以啟齒

——JoJo，KISS Radio 電台主持人

我有一位親戚出於信用破產的關係，鋌而走險向地下錢莊借錢，為了還錢，希望我能借錢給他還債。然而我也沒錢，但我信用良好，所以我向銀行申請信用貸款，借給對方應急，最後親戚也沒還錢，因此我必須背債兩年。背債，真的好辛苦。

為了寫這篇推薦序，我打了一堆字，卻又不斷地按下 Delete 鍵。我曾經把各種負債的經驗寫成一篇文章，分享在自己的臉書粉絲專頁上，是一篇很好的警世文，但家人

看到後，卻打電話來數落我，責備我為何家醜要外揚。因為有這樣的經驗，讓我寫這篇推薦序寫得心慌慌。

明明就只是寫篇推薦序而已，為什麼會那麼難以啟齒呢？每一年的年初，我再怎麼立定目標，執行各種存錢法則，卻怎麼也無法預知接下來的日子，會出現各種情感的枷鎖，讓我主動掏錢出來。到了年末時，我才發現自己的存款卻沒有增加。

我自己知道為什麼會這樣，但我不知道怎麼說。面對金錢關係就跟面對隱疾一樣難以啟齒，但如果不面對反而會造成身體更嚴重的傷害。

這本書我每翻一個章節，就會喊「對！我就是在那樣的情境裡自動掏出錢了！」不然就是「不可以！你不可以寫得那麼像我！」

我實在不好意思形容這本書很像是「隱疾解除大全」，但有個人願意出一本書跟你聊聊金錢與情感關係中難以啟齒的盲點，以及如何建立與家人的財務界線，其實是很健康的事情。尤其當身邊若有個可以相處一輩子的伴侶，那麼先使用這本書與對方一同認真看待，並規劃「金錢藍圖」，再點頭說「我願意」也不遲。

推薦序

真正的金錢課題，是「關係」

——柚子甜，作家、心靈工作者

我們都說「錢不是萬能，但沒有錢萬萬不能」，彷彿只要錢夠了，多數問題就解決了——直到我們碰到侵犯「財務界線」的人。

平常在做心靈工作的時候，很常遇到前來諮詢的案主，表面上是想問人生方向、問工作轉職，然而抽絲剝繭後，卻會發現背後藏著剪不斷、理還亂的金錢課題。比如說做生意失敗，卻把債務丟給家人跑路的父親；比如說畢業後不工作，繭居在家伸手要錢的妹妹；又或者自作主張買房子，卻命令小孩扛巨額房貸以表「孝順」的父母。

「錢不夠」真的是問題嗎？我很同意作者的見解：真正的問題出在「心靈」，而非「金錢」。對治的解藥，是清楚而明白地畫出一條的「財務界線」。

讀這本書的時候，每看一篇案例，內心就會「吐血」一次，但其實作者並不誇張，我們也很清楚，這確實是許多人血淋淋的人生。我的財務界線跟作者很像，就是「自己賺自己花」，一路走來也算幸運，沒有遇到需要逼我退讓界線的人事物，因此看到書裡又跪又哭的婆婆、情緒勒索的爸爸、用「孝順」逼子女屈服的媽媽，只覺得腦壓升高，很想衝進書裡把當事人救離現場。

但是我心裡也很清楚，其實沒有人困住誰，一次次困住我們的，只有「自己」。

作者用條理分明的手法，一層一層破解我們在金錢關係中的誤解：不借錢就是「不孝」嗎？為什麼我們這麼害怕被人說「不懂事」、「不夠義氣」、「自私」？那個「怕」的源頭從何而來？而要在華人社會「重人情」的社會下，該用什麼樣的言語、態度，來面對這樣的情緒勒索，守住自己的財務界線？

「人情」和「金錢」看似兩極的問題，在這本書裡得到巧妙的解答。說到底，抱怨自己錢賺不夠、屈服家人情緒勒索，只會幫著對方傷害自己，而我卻更希望閱讀這本書的人，都看見第三種可能——找到困住我們的盲點，顫抖著拿起名為勇氣的劍，砍斷綑縛自己的枷鎖，重獲金錢自由。

推薦序

該維護自己的時候別膽怯

——洪仲清，臨床心理師

為錢吵架，這在家庭中稀鬆平常。在組成家庭之前，這本書會是相當重要的參考書，因為除了日常的柴米油鹽，再混搭進來的複雜人際關係，常讓婚姻基礎危脆。婚前如果好好討論金錢藍圖，婚後就可以少許多衝突！

這本書從財務切入，談設立界線。但看完這本書，大概不難明白，設立界線是方方面面，平時做人處事就要有清楚一貫的原則，會比較好做財務界線上的溝通。錢與關係，是這本書同時著力的議題。這種取材不算多見，但極為實用。

把界線的概念放進來，就牽涉到了責任的劃分。這是我們內在設定好的劇本，我們認定了對於什麼樣的關係，我們得負多少責任。其中，金錢的給予餽贈，就是一種負責任的表現。

尤其在我們的文化裡，常有模糊界線的觀念，像是「自己人，不要分那麼清楚」。當界線一模糊，就是權力與各種親疏遠近的感情，分別用不同權重介入其中，常常剪不斷理還亂。

在我們的文化中，常有父母越界控制孩子，甚至演變成情緒勒索的關係。原本我們的理想是，父母為了要好好照顧孩子，會做孩子的後盾。

但是當我們深入每一個家庭，就會發現有些父母在自己還算身強力壯的時候，就開始依賴孩子用勞力賺取的金錢來支撐自己的生活。孩子如果拿不出錢來，動輒指責孩子「不孝」，但自己卻有各種理由不用工作。

有些孩子因此心裡怨憤傷痛，因為自己被當成了提款機或工具人。父母一直要求的，是連父母自己都給不出的愛，但要由孩子承擔。

我很驚訝的是，這本書討論拒絕與溝通，也實用入心。我從來沒想過，光從財務面去還原、開展出家庭的樣貌，竟然如此栩栩如生。

要把不喜歡的事情說清楚，大家才好相處。別怕當壞人，替別人負屬於他的責任，表面上是有心，事實上剝奪了對方的成長，讓對方持續依賴，導致自己氣喘不過來。然後不透過他人傳話，有事當面說清楚，坦承自己的需要與能力範圍，務實地面對財務困境……

亮出界線，同時提醒我們記得表達愛，這是作者的智慧與慈悲。願我們藉此書看見我們的不足與軟弱，懂得該維護自己的時候，別被膽怯綁架了！

推薦序

尊重自己家庭的財務規劃，是維繫關係的底線

——梁維珊，家事專科律師

記得在我懷孕五個月的時候，我先生接到一通電話，有個遠房親戚突然來電要跟他借三十萬元，我先生把頭轉過來看著臥床看手機的我，問我怎麼辦？我淡淡的回他：「你叫他打給我。」最後沒有人打電話給我，這個遠房親戚之後也消失了，再也沒有見過他。

在離婚個案中，最常聽到「我想要離婚」的理由之一，就是財務分配問題。

由誰擔任家裡主要經濟支柱，負責家裡房貸、房租及子女們教育費支出，本來就是

一個大問題，以二大一小的三口之家為例，如果房貸一千萬元，代表每個月房貸部分少說也將近五萬元，孩子如果就讀公立學校，固然可以節省學校開銷，但孩子下課後的課輔、才藝補習、外語加強等整體費用累加起來可就不得了。

有婚姻生活經驗的你我一定可以理解，在這樣高壓的家庭生活環境下，如果另一半的長輩或親戚來借錢，那根本就是逼我們崩潰，因為自己都必須很辛苦才能支持一個家庭的正常生活了，看到配偶把錢拿出去給長輩或親戚，都會覺得為什麼「你這麼有錢，怎麼不直接全部都給我？」或「我這麼辛苦賺錢分攤養家，結果你還能打腫臉充胖子把錢借出去啊？」於是，對另一半開始產生戒心，開始對婚姻產生疑慮，然後提前找律師及會計師做資產規劃，婚姻關係岌岌可危。

民法中有關婚姻的核心規定，主要在於雙方婚後財產的保障、未成年子女的最佳利益，從前述法律規範可見，會導致離婚的主要原因就是財產及育兒。所以，**維繫婚姻的底線，至少要尊重自己家庭的財務規劃**，既然結婚了，就必須以自己的家庭為主，如果放不下原生家庭，那就必須在婚前就跟另一半說明自己的難處，讓另一半在婚前就能提前理解這些已經存在且未來會繼續存在的壓力。

此外，因為世事難預料，所以雙方應就未來遇到長輩親戚借錢時，都必須與另一半共同衡量自己家庭的開銷及財務分配，換個角度想，如果今天是我們的另一半被長輩親戚借錢，一定也會希望能與我們充分討論。

每個人有每個人自己要克服的功課，沒有人可以代替任何人的人生，我們都沒有那麼偉大，也沒有普渡眾生的能力。或者，在借錢出去之前，請對方先打電話給你的另一半，得到另一半的同意，是前提要件喔（我先生就是這樣做的）！

推薦序

誰，沒有因為「金錢」而受過傷呢？

——鄭匡宇，激勵達人

讀著《與家人的財務界線》，不禁讓我想起自己家庭過去的經歷。也真是因為那樣的經歷，一個根深柢固的觀念深深箝制著我。

在我小學六年級時，因為父親創業失敗，欠下了大筆的債務，還好因為母親當時是高中歷史老師，每個月有著固定的收入，我們家才不至於被債權人查封，分崩離析。

於是從那時候起，在我的腦中便有著一個非常堅定的信念，那就是，未來無論如何，我一定要「拉個軍公教當墊底」，若非我自己當軍公教，我的伴侶也一定得是軍公教，如此一來，即使其中一人想衝刺創業，或者其中一人失敗了，也才能擁有「黃金降落傘，整個家一起不至於摔得粉身碎骨」！

就是這樣的思想箝制，讓我直到四十歲，才真的敢放下教職，專心創業。你說，在金錢上受的傷害，難道不會對一個人的一生帶來重大影響嗎？

李雅雯老師（十方）的這本《與家人的財務界線》，從她自己的故事開始，分享了所有我們每個人都可能遇到的「情緒勒索」，以及這些情緒勒索可能帶給我們的財務壓力。十方老師的核心概念，與我一直在倡導的兩個想法不謀而合，那就是：

「自私點，對大家都好」和「讓每個人負起他們自己該負的責任」。

以這兩個觀念當基礎，再清楚了解每個人的「金錢圈」與「金錢性格」，隨著十方老師優美深入的文字一起抽絲剝繭，了解自我也了解他人，你未來在遇到家人朋友在金錢方面的情緒勒索時，一定也能態度堅定、從容應付。我誠心推薦這本書給每一個人！

序言
一開口就暴雷的話題，深藏每個家庭

「妳滾！」他大吼，「自私的女人！」

「妳給我滾！」他臉上肌肉扭動著，像受了傷似的，對我大吼作勢對我揮拳，「那是我哥！我不幫誰幫！誰幫啊！」

只要一提起這個話題，我先生就會突然咆哮，打破寂靜。他的手握成拳頭，搥向桌面，水杯「匡噹！」一聲彈起來，筷子紛紛摔在地上。我臉頰發燙，攥起了拳頭，咬住了下唇，把手指戳進掌心。

這是我們不能說的祕密，這是我們不能提的過去；這是我和先生，最難、最深、最掙扎的課題。

十六年前，我跟男朋友決定結婚。我們雙方父母都沒儲蓄。婚宴、喜餅、金飾、喜帖……都靠自己。

那些年，我們還算努力，工作五、六年，存了一百六十萬元的結婚基金。結婚前，他突然告訴我，哥哥欠了兩百萬元的卡債，他要一肩扛起。乍聽那個消息，像在我的喉嚨裡，插了塊玻璃。

假如幫忙還債，就會掏空家底。這是一場災難，也是抉擇的危機。我反對再反對，堅持再堅持，但最終，還是賠上存款，掏空積蓄。

婚前，先生把哥哥的卡債，轉成自己的信貸；婚後，他一面還父母的房貸，一面還哥哥的卡債；我們婚後的財務壓力，陡然昇高，煎熬無比。

背家人的債務，讓我們的信任感，消磨殆盡。

那些年，我跑來跑去，四處兼職；他努力工作，加班加薪……我們花更長的時間賺錢，也花更長的時間埋怨。

我常問他：「為什麼你要幫家人還錢？」

他總回答：「只有我可以幫忙，我不幫就沒人可以幫了！」

那些年的委屈，誤解，在我們之間，逐漸積聚、逐漸蔓延，這段過去，終於成為我們的地雷，只要一點火星，就炸得轟轟烈烈，流沫四濺。

我們從沒想過，除了長相、身高、特徵之外，還有什麼，來自父母？

長大之後，我們一方面，自認跟父母不一樣；但另一方面，又察覺跟父母的「想法」、「觀念」，有著深深地聯繫。

當我們越去探究，越覺得好奇。

父母鑄造了我們的「硬體」，同時，也灌注了我們的「軟體」；我們遺傳了父母的身體，也同時繼承了父母「回應」、「思考」、「解決」問題的「模式」。

正是我們內在的「軟體」，塑造了生活，打造了關係；也正是這些「回應」、「思考」、「解決」問題的「模式」，讓我們吵個不停：

我公公是農夫，淳樸、嚴謹，重視家庭，他認為幫助家人、互相支援，是理所當然的事情；我媽媽是商人，叔叔有賭博惡習。她認為幫助家人、填家人的財務坑洞，是非常危險的事情。

我繼承了媽媽的「恐懼感」，先生繼承了公公的「道德感」，我們爭吵、憤怒、指責、退縮，一來一往，消磨彼此志氣；卻從沒想過，自己需要「覺醒」。

覺醒是全身心地去看、去回應，去給予。

面對與家人的財務糾葛，就像進入隧道。在隧道裡，我們的視野會變得專注，而且清晰。

我們必須看清自己，理解自己，同時也看清別人，理解別人，才能克服問題，攜手同進。

理財不只是自己一個人的事，也跟「家人」有關

坊間的理財書，不出三個重點：

1. 教你用力賺
2. 教你省著花
3. 教你聰明投資

然而你會賺錢、會省錢，懂投資，就真能把錢存住，把財理好嗎？真有那麼容易？
假如你的先生，要幫弟弟還債，你存得住嗎？
假如你的媽媽，增加你的孝親費，你省得了嗎？
假如你的太太，花錢無度，你留得下嗎？
更不要談，你有一個賭博的爸爸、不負責任的小姑、遊手好閒的孩子？

面對「家人」，面對「回應」、「想法」、「模式」跟你不一樣的「理財關係人」，我們該如何融入他們、理解他們，恰當地回應？

當回應的時候，我們又該怎麼「思考」、怎麼「理解」，更新自己的「軟體」？

所有的祕訣，都藏在這本書裡。

透過本書，你會看清「金錢的障礙」——金錢圈問題（弟弟欠卡債，我該幫他嗎）、金錢依賴（小姑離婚了，住在家裡，讓我付水電費）、金錢義務（公公一個月要拿五萬元奉養金）、金錢性格（老婆太會花怎麼辦）、金錢藍圖（先生想這樣過就滿意了，我不滿意）……於此同時，喚醒勇氣。

看完本書，你不會再懷疑，拒絕幫弟弟的自己，是不是非常自私？你同時會解開，一層一層、一代一代，綑縛在你父母身上、你自己身上的信念，從而重視自己，更愛自己。這是英雄的行為；因為面對家庭的傷痛、金錢的缺陷、失敗的關係，都需要勇氣。

從某個角度看，當我們治癒自己、解開金錢死結，我們提昇的，絕不僅僅是自己，還有歷代、後代、子子孫孫，都繼承的「過去」。

這是一種精神的進化，也是一種財務的進化，而我希望透過這一本書，能把你喚醒。

PART 1

理自己的財，卻拿去填補家庭的洞

$

第1章

這是我的故事，或許讓你覺得似曾相識

當我企圖說出這段經歷，我感到一陣抑鬱。

我的朋友不知道，我的讀者不知道，我的編輯不知道。十六年前，我遭遇一場「家人的金錢勒索」，這是一段非常痛苦、非常糾結的人生經歷。

二〇〇三年暑假，像是一場夢。我在那一年通過博士學位入學申請，當上大學講師，正在籌備婚禮——我們交往八年，終於要結婚了——一切順風順水。

八月的一個晚上，深夜十一點，一桶啤酒喝完了，我和未婚夫、兩個還沒醉倒的朋友，打算回宿舍休息。我推開大門，看見未婚夫拱著背，單膝跪地，手指僵硬地摸著自己的鞋帶，滿臉通紅。

我們在黯淡的燈光中對視一眼，他的顴骨幾乎要突出來，眼眶下全是黑眼圈，欲言又止。

「我哥被人騙了，」他低聲說：「他欠了兩百萬的卡債，還不出來，今天來找我借錢……」他停住了，喉嚨哽噎著，忍住不在我面前哭出來。

我愣了一下，感到胸口裡塞了一大包碎冰塊，一時之間，寒毛都豎起來了。

「兩百萬？那怎麼辦？」我盯著馬路的窪洞，覺得力氣從雙腿蒸發了。這不是兩萬元，而是兩百萬元，這麼大的一筆債務，要還很多年。我一屁股坐在花圃的石台上。

「我不幫，就沒人可以幫了，」他抬頭懇切地望著我，麻木地擠出幾個字：「不能不還。」

想到要和這筆債務糾纏不清，我開始無聲地哭了起來，哭了一會兒，說幾句，再哭一會兒，再說幾句。他蹲在那兒，單臂抱著膝蓋，像被俘虜的士兵，表情木然，眼睛布滿血絲，只是空洞地重複著，只有他有一點錢，他得還，他不得不還，於是我哽咽起來，開始啜泣。

「為什麼要我們還啊！」我的恐懼化成聲音，我怒吼：「誰欠的錢，不就誰還嗎？」

他瞪大眼睛，憤怒地眼睛都充滿淚水。「那是我哥。我不幫，誰幫？」他邊說邊搖搖晃晃衝向車道。我抓住他，再次吼回去。

他跌跌撞撞爬上台階，狠狠摔上車門，啟動引擎，開始猛踩油門，衝了出去。

我呼喊他的名字，看著車子急速轉過巷口。

那一晚，時鐘像是停了下來。我蹲下來，大腦一陣昏沉，雙腿開始發抖。我抱著膝蓋，凝視著長長的斜坡，等著他從黑影中回來。但過了一會兒。我開始變得非常害怕。

當時我並不知道，自己為什麼這麼激動、那麼害怕，回想起來，當時的我，應該是想起了媽媽——一輩子幫家人還債，被家人勒索的媽媽——她的頭髮快掉光了，沒存下一毛錢。

家人之間，不就是互相支持、互相信任、互相協助？

外婆生了七個小孩，我媽媽是老大，負責養家。

媽媽十二歲小學畢業，未成年就當上洗髮學徒。她非常勤勞，從早到晚，不停幫客人洗頭髮。

媽媽不是公主，沒有被呵護養大，但結婚之後，命運也沒有善待她。

爸爸的弟弟是個啞巴，找不到工作，幾十年來，閒晃遊蕩，埋頭賭博。

叔叔賭運不好，總想翻本。爸爸工作三十年的退休金，被他以「急難救助」的藉口，提領一空；爸爸每個月全部薪水，也被他拿去下注，通通領走。

叔叔一拿到錢，轉身就還賭債；還完賭債，轉身再賭；二十幾年，毫無收斂。

如果爸爸拿給叔叔的錢用完了，還想翻本，他就會找上門來，再跟媽媽要錢。

小時候，一整年總有十來次，叔叔會埋伏在門口，等媽媽拉開鐵捲門，就猛跳起來，用胳膊頂住鐵門，拚命往上拉，哀嚎著死命往家裡鑽。

我親眼看著，媽媽被撞倒了，沒了鞋的那隻腳在地板上一滑，仰面朝天躺在鐵捲門下，然後一聲悶響，叔叔用腳踹了媽媽的頭——咬牙切齒，用盡了全力。我呆站著，看著他把腳收回去，向後擼了擼頭髮。

叔叔總會從媽媽的收銀機裡，抽走一疊疊鈔票，拿去還賭債。好幾個晚上，我親眼看著媽媽癱倒在地板上，雙腿無知無覺地挪動著，我一臉茫然，滿是困惑——我想不透，一個人沒病沒災，怎麼還會受這麼多痛苦？媽媽有什麼錯呢？

都說愛是恆久忍耐，但該忍多久？愛有改變我的叔叔，讓他變得聰明、慈悲、幡然醒悟？愛一個人，關心一個人，難道不該得到快樂嗎？

或許，未婚夫哥哥的卡債問題，讓我在潛意識裡，覺得自己變成了媽媽，也變成了爸爸；這件事情，讓我時而理智、時而冷靜，時而歇斯底里，只想大哭一場。

那天晚上，我繞著酒吧，走了一圈又一圈，等自己的情緒穩定。回到了宿舍，我下定決心，反抗到底。

接下來的三週，我和未婚夫的溝通，穩定而持續地進行。我們的通話越來越短，每一次，都以激烈的爭吵結束。

他堅持要幫哥哥還錢。

堅持要還的原因之一，是他始終相信，家人就是要互相支持。在他的經驗裡，家人始終會幫助他、支持他，互相緊密連繫；你幫家人，家人幫你，大家快快樂樂，互相支持。他相信這些，跟他的成長背景，有密切關係。

未婚夫是么子，有三個哥哥，一個姊姊，從小在鄉下長大，抬頭有星空、腳踏柔軟潮溼的泥地，爸爸是農夫、媽媽是農婦，門前就是金黃色結實纍纍的稻穗。小的時候，農忙結束，全家人會圍在院子裡，慶祝收成、打稻穀、晒稻米。在他的成長經驗裡，家人都是善良的、美好的、照顧他的。他的內心，充滿對家人依戀、感激。即使他的大哥，已經離家十年，跟家裡疏離很多年，他仍然認為，大哥是家人，家人要互相協助、彼此支持。

在這種家庭背景下，他完全不能理解，我的心為什麼這麼冷酷？哥哥只是一時糊塗，被人騙了，才會不斷辦出高利率的信用卡，債台高築。**他有能力，又年輕，我為什麼不贊成他幫忙還債？家人之間，不就是互相支持、互相信任、互相協助？他不能理解，我為什麼不對家人伸出援手？**

面對他的不諒解，我試圖保持冷靜。我慢慢地向他述說我的過去，努力不讓自己講得太急。

我強調叔叔的惡習——因為身體殘障，自暴自棄，沉迷賭博。我還挑明一個不幸的事實：捅了簍子的人，如果不受到教訓，會一直捅下去——更不用說，有個會賺錢、有同情心的弟弟。最後我告訴他，我們應當多問問別人，尋求朋友的建議，最後的做法，還是要仔細討論後，再做決定。

好幾個晚上，他只是坐著，接著陷入沉默。他不說話，讓一切更像暴風雨的前夕。有一天，我終於盼到他開口了，那聲音非常沙啞，像喉嚨被擦傷了一樣。

「我工作的目的，就是希望我身邊的人、我的家人，都得到幸福。」他說。

「我們還年輕，現在辛苦一點，將來會變好的。」他抬頭看了我一眼，眼眶開始泛紅。「我家就只有我能幫，如果我都不管了，討債公司去騷擾我爸媽，那怎麼辦呢？」

「你怎麼知道他不會再犯？」我衝口而出。「讓他再也不能辦信用卡，不就再也不會被騙了？」

他坐著，陷入了沉思。

「他會改的，他會好好工作，慢慢還給我。」

我睜大了眼睛，目光往下看了一眼我放在他手上的手。接著，慢慢把手縮了回去。

那是頭一次，我打算結束這段感情。他沒錯，我也沒錯，我們的婚事成了僵局。

一個月後，身邊的親朋好友，紛紛得到消息。

媽媽沒出什麼主意，她只是嘆息著，說我的命跟她一樣苦，這一輩子，注定糾纏下去；閨蜜警告我，遇到這種變故，我如果離開他、嫌棄他，就是落井下石，沒有義氣……我縮著身體，像破玩偶似的，垮在沙發上，聽她們絮絮叨叨，發表建議。我以為自己能躲開媽媽的命運，好不容易長大成人，卻發現，劇本押韻。

兩個月後，未婚夫扛起兩百萬，用自己的名字信用貸款，幫哥哥還清卡債。我們在婚前，儲蓄歸零。

二〇〇四年五月，我們結婚了。婚禮上，我臉色慘白。

婚姻開始，我們夫妻倆就背上兩百萬元的信用貸款；所有婚禮開支、金項鍊、金戒指、喜餅、喜糖，都是借錢買的。每一分鐘，我想著欠下的債務，心底又慌又亂。

一場惡夢，悄悄開始。新婚跟債務，同時起步。

這一切，遠比我想得艱難。

婚後，我在台北師大讀博士班，在高雄兼課教書，南北奔波。我一個月賺三萬元，我先生月薪四萬一千元，每個月還信用貸款一萬三千元，還幫先生的家裡還房貸，給自己父母的孝親費，還有我自己的生活費、交通費、保險費……一筆又一筆，壓得我喘不過氣。

在科技業工作，我先生每年有分紅。他的分紅，往往一匯進戶頭，我們就拿去還信用貸款、還先生父母的房貸、我自己父母的贍養費、積欠房東幾個月的租金……每筆錢左手進、右手出，心底不踏實。婚後的金錢壓力，逐漸大了起來。

婚後第一年，我陷入嚴重的失眠狀態。

我的錢還不完，每一筆似乎都不得不給、不得不還。

二十八歲那年，我要教書、也要讀書；每到半夜，開始心悸。

先生當時被派到上海工作，他看到我的情況，非常焦慮。

他是非常溫柔的人，為了我的健康著想，他堅決要求我放棄工作，飛去上海，安心休息。

也許是一種祝福，到上海之後，我很快懷孕。

從懷孕的第一天起，我激勵自己，要好起來——我要讓這個孩子，得到保護。

幾個月後，還來不及為自己歡呼鼓掌，大伯的債務，卻出了問題。

他不見了，電話打不通、人找不到、搬出租屋處，完全消失。他欠下的卡債，我們代償的貸款，失去追討的人；而先生家裡的支出，陡然上升。

幾個月內，我的肚子越來越大，先生銀行帳戶裡的現金，卻越來越少……好幾個月，我看著他紅著眼眶，沉默地轉走帳戶裡二十萬元、三十萬元的現金，直到現在，我都搞不清楚，這些錢，還的到底是大伯的債務，還是公婆的房貸？

我們的夢想呢？我們的房子呢？這些美好、溫暖的想像，都煙消雲散。

那段時間，先生承受巨大的失落感——大哥不守信用，讓太太、孩子受委屈——他總是一個人蹲在前廊，表情茫然。

我認為，在那段時間裡，他陷入人生的困境裡。他不知道怎麼相信，怎麼愛？他經歷的這一切，可能需要一輩子的時間，才能調適過來，但他不能停下來——孩子要出生了，我的狀況並不穩定——他必須照顧我們，忽略自己。我知道，先生每一天、每一分鐘，都在努力讓自己不受影響，振作起來。

我無法想像，這段經歷，在他內心裡起了什麼化學變化；我只知道，他更沉默了，更少笑；每次回婆家，總是憂心忡忡，眉頭深鎖。

二〇〇六年二月寒假，他的情緒終於爆發了。

懷孕七個月，先生帶著我回到台灣，在婆家的客廳，跟公公大吵一架。

吵架的原因是，我先生告訴公公，請他儘快賣閒置的土地，清償房貸，解決債務問題。先生說，大伯的債務，加上公公的房貸，讓我們全家，背得實在太辛苦了。

公公賣地還貸的計畫，十年前，就該執行。不知道為什麼，公公對每個出價的人，都不滿意，賣地的計畫一拖再拖，十年間，小孩們承擔貸款。

我揣測，先生也許是對我感到愧疚。結婚之後，我總是憂心忡忡、惶惶不安，懷孕的時候，他常看我抱著肚子痛哭，不知所措。先生也許心急了，也許對家人也產生了懷疑，總之他再也忍不住，開始抗議。

公公非常傳統，在鄉下種田一輩子，他對家庭的秩序感、順序感，有強烈的意志。在他的內心裡，他始終相信，孩子應當奉養父母；兒子尤其如此。先生的抗議，讓他異常憤怒。他認為，我們不順從，不孝順，不奉養父母。他更氣的是，我們告訴他該做什麼，對他指手畫腳，讓他很沒面子。那天下午，他轟我們出門。

那是我第一次，對自己的處境，感到絕望。在那一刻，我已經察覺到，每一個人，都有堅持，有立場，有夢想；但每一個人，都指責別人的堅持，批評別人的立場，挑剔別人的夢想；沒有一個人，懷抱惡意，但每一個人，都遍體鱗傷。

我非常沮喪。我、我先生、我公公都在受苦，而我無能為力。

那段時間，我只能轉移注意力——練瑜伽、看育兒寶典、蒐集玩具——把問題掩蓋起來，假裝什麼也沒發生，恍惚著、恐懼著，迎向臨盆。

我在二〇〇六年四月十二日生產，整個過程並不順利。

那天深夜，我躺在冰涼的產檯上，挺著圓圓的肚子，岔開雙腿，像只等著被解剖的青蛙，嚇得魂不附體。

我不會用力，我聽不懂助產士的指令，掙扎了整整兩個小時，孩子硬生生卡在產道，幾乎停止呼吸。

三個小時後，我昏迷在產檯上。靠著醫生的產鉗、真空吸引器、麻醉劑，孩子被推送出來，而我奄奄一息。

醒來之後，我的精神與肉體，經歷一場重擊，我的精神恍惚、嘴唇乾裂，下體汩汩湧出血塊和鮮血；意志力像晒乾的玉米鬚，輕飄飄、細柔柔、無法著地。

在那一刻，我以為，那是我一生中，所能經歷過，最軟弱、最脆弱、最虛弱的時刻。我完全沒有想到，還有更大的災難，蜷伏在黑暗裡。

十天後，台中市西屯區，發生了一場大火。那是我家，也是一場非常嚴重的火災，出動三輛消防車，東森新聞SNG現場轉播，我這輩子所有能稱為「回憶」的東西，都在大火裡燒得乾乾淨淨。

那是中午十二點。太陽很大，空氣乾燥，風很大。攝影機就在現場，轉播實況。鏡頭拉近了，我縮著身體，坐在床上，看著螢幕上的火球越燒越高，越燒越旺，最後炸成一團火球，火焰衝到天際。我的腦子裡一片空白，喉嚨像噎住了，甚麼聲音也發不出來。

從那一天起，我才明白。人受到驚嚇的時候是不會崩潰的，你只會一片空白。

如果說婚前的債務是一次打擊，那場大火，更像是一場死亡。在那一刻，我幾乎失去信心，失去我一直以來，都懷抱著的鬥志、毅力，以及不論發生什麼事，都「不信我不行」的鬥志——那一刻，我真的想放棄，放棄抵抗命運。

小的時候，陽台是我的房間。

媽媽跟房東租了公寓的一、二樓，一樓當店面，二樓當住家；單層十五坪大，卻住了八個人——三個十七歲的小學徒、爸爸、媽媽、姐姐、妹妹、我。從小，我們的房間裡，就看不見地板，架滿粗木板床，床上堆滿了衣服、床單、棉被，空氣飄著洗髮精、毛巾的味道，又沉又悶，活像一個塞滿棉花的大洞穴。

十三歲那年，我突發奇想，睡到了陽台上。我在陽台上鋪了一塊又長又厚的大木板，底下塞幾塊磚頭，上面鋪層薄布，腳邊支起一張折疊桌，成了家裡唯一的一間「套房」。

睡在「套房」裡，像睡在鉛筆盒裡一樣，得直直地挺起腰，直直地倒下去，不能轉身、不能站直，但我記得，十三歲的我，非常興奮，非常有鬥志。好幾個晚上，蟑螂在我腳邊竄來竄去，我趴在折疊桌上，用鉛筆對自己寫勵志信，下筆非常用力，咬牙切齒，堅不可逆，我跟自己說：

我要讀書，要靠自己，我未來會做很好的工作，賺很多很多錢，受人尊敬。我就不信，不信不能從菜市場走出去；我就不信，不能靠努力，改變命運。

一路以來，我爭強好勝、積極努力：沒錢補習，我就拿著錄音帶錄音，硬生生記下十萬字的文學史，野心勃勃，到哪都企圖拿第一名。二十五歲，我的學術論文發表量全年級第一名；我連續拿了三年論文獎，博士班入學考所向披靡。我立志三十歲前拿到博士，三十二歲當上大學教師，四十歲升等教授……我的意志堅強，鬥志高昂，每個橫跨在我面前的困難，包括婚前的那筆卡債，我都打算用自己的坦克車輪子，直直輾過去。

我一直以為，只要想做，一定能行。

但那一刻，從電視螢幕上目睹火災的那一刻，我幾乎聽到，尖叫聲從腹內滾滾而起，通過喉嚨，像一條骨頭直直穿過顱骨；從心臟不斷湧出的驚嚇和恐懼，像灌了鉛水的水柱，沿著顱骨，竄流在眼窩、耳穴、眉心；蔓延到了鼻腔……我和先生的積蓄已經歸零，大伯的債務、公公婆婆的房貸，還在持續；假如再加上一筆，我的未來、我先生的未來、剛出生孩子的未來，怎麼繼續？

我們這一輩子，是在替誰打工？當誰的奴隸？

妹妹還在讀書，姐姐完全沒有工作能力；只有我能負責，只有我能幫忙還債，但這筆債，會是多大的金額？我害怕地想，如果有個人死了或受了重傷，一輩子殘廢；我們家的債務，只怕越陷越深、越欠越多，纏綿無盡，多久才能還清？想到這裡，我頭皮發麻，一陣戰慄。

在那一瞬間，我開始盤算著，什麼工作，能賺到最多的錢……補習班老師？我摸摸孩子的額頭，鼻頭一陣發酸。孩子是無辜的，她什麼也沒做，難道也要畏畏縮縮、跟著我們掙扎一輩子？我往病床一倒，全身無力。

我記得很清楚，那一天，我沒有哭。到了晚上，還是沒有。我癱倒在床上，像被丟進河裡的鵝卵石，直直下沉，在河床深處，奄奄一息。

躺在床邊的孩子，突然打了一個噴嚏。她發出微弱、細小的聲音。

我把一只手放在她的胸口上，她溫溫的，小心臟跳得又輕又急；那簡直不是人類的心跳，像是小鳥的。我把臉湊近寶寶，用鼻尖緊貼在她臉頰，有人把她的髮髮往後梳，露出白淨的高額頭，一雙小手緊緊攢成拳頭，放在臉頰邊，眼睛眯成了白白的一條線。

突然之間，我像一道堤防終於潰堤，我抽泣起來，咬緊了嘴脣，把聲音壓下去一點；我聳動著肩膀，把床板帶得直抖，大股大股的憤怒，突然湧起。我無法放棄，我無法甘心，為了孩子，我要前進。那天晚上，我決心賺錢。我決心賺到足夠的金錢，讓我多燒個幾次，都無所畏懼。

接下來的日子，像夢境一樣，不停開展。

火災後的十四年裡，我把自己能做的事情，做到了極致：我函授會計、外匯、稅法，補充金融知識；我開戶、下單，買進海內外股票；我記帳、建立家庭預算；我議價、購買便宜的房地產；我學裝修（軟裝、硬裝）*，提高我的租金；我整理保單、嘗試看懂條文；我學權證、期貨，試著撬起槓桿；我讀了一、兩百本理財書，用一萬兩千個小時操作股票，花一萬個小時挑選房子……在十四年後，終於累積一點點成績。我存了一筆錢、有幾筆精華地段的房地產、囤了一點土地、握著低價買進的龍頭股——我的

* 「硬裝設計」以空間硬體結構與基礎裝潢為主的大工程，包括大花板、牆面、地板、管線配置美化到需施工的系統家具；「軟裝設計」以易於更換與變動的家具飾物為主，如家具、燈飾、裝飾擺件、花藝綠植、藝術品等。

征途，有了成績。**

這些年，我經歷了很多東西。

剛開始，我以為理財，全靠「自己」——自己的意志力、自己的鬥志、自己的理性——才能克服困難，顛仆前進。我總以為，自己累積一點成績，靠的全是「毅力」。

但回想起來，一切似乎不是這麼回事。

我常常在想，如果先生不支持我的財務決定、不陪著我承擔風險、不贊成改變；我們一路拉扯，互相抱怨，還能堅持下去？

對我媽媽的處境，我也陷入沉思：

媽媽再會賺錢、再會投資、再會做生意；只要她解決不了叔叔的勒索、無法保護自己，她再能幹、再努力，累計財富的過程，仍會磕磕碰碰、異常艱辛。

我的先生呢？

即使他再會賺錢、再勤奮、再努力，如果協調不了家人的債務問題，所有投資的執行力、效率、目標、累積，都將大打折扣，一瀉千里。

生命，是相互依存的長篇故事；理財，不是自己做到極致，就能成功；更多時候，要處理好「親密的人」，才能前進。

後來我發現，如果你去聆聽，聆聽每個人的理財困境。你會發現，每個人的故事裡，都有一個「家人」：奢侈的太太、賭博的公公、沒安全感的婆婆、投資失敗的小叔……每一個「家人」，都是「不能控制的人」——奢侈的太太會揮霍儲蓄；賭博的公公會疊加債務；沒安全感的婆婆會提領獎金；投資失敗的小叔會預支退休金——每一個「家人」，都成了理財路上的「關鍵人」。解決不了關鍵人的問題；理財路上，只能匍匐前進。

我常常回想，如果當年，我能懂得跟公公、跟先生溝通，體諒他們的立場，不批評他們的原則，尊重他們的夢想；那段時間，我能減少許多困惑和迷惘，我也許能少受許

**這十四年的理財經驗，我記錄在《我用菜市場理財法，從月光族變富媽媽》、《富媽媽存致富股，獲利一〇〇%》兩本書中；書裡有我記帳、選股、房地產投資獲利的始末。

多苦，少掉眼淚，少很多悲傷。

這麼多年來，理財書林林總總、五花八門，談的，都是自己——自己怎麼省錢、怎麼選股、怎麼節稅、怎麼投資——好像理財這件事，執行起來，應當沒有阻力、沒有困惑，沒有家人干擾，沒有別人，只有自己。

這就像在真空的玻璃瓶，搭建一艘精密的小船。這船無法航行。

一直以來，我對自己的能力，並沒有信心——我不是科班出身，沒有經濟、會計、商學的學歷背景，但這些年，我寫的書卻開始發酵，啟發許多人挺身而行：台中一個四十五歲的媽媽，看了《我用菜市場理財法，從月光族變富媽媽》一書，竟然大哭一場，鼓起勇氣，起身面對自己的卡債問題；另一個彰化三十八歲的讀者，也在看了書之後，決定不再逃避家裡的財務窟窿，為孩子、為自己，一步一步開始學習財務知識；新竹一名四十二歲的爸爸，把我的書一一畫線，整理成筆記，挪出閒置資金，克服恐懼，買了第一張股票，從零開始，為退休努力。

這些經歷，讓我對自己在做的事，產生信心。

我發現，僅僅只是把自己的故事，好好說出來，就能激勵人、撫慰人，療癒人，讓人鼓起勇氣。這是我能做的事情，這是我做得好的事情，這是能幫助人的事情。

我開始相信，我不代表自己，我的故事代表人在面對金錢困境的一個典型。

真實的世界裡，我們無法迴避，必須處理與親人、家人的財務關係。很多時候，我們面對著「錢」的壓力，也同時面對著「人」的壓力。甚至，「人」的問題，比「錢」的問題，更難處理。

金錢圈、金錢藍圖、金錢義務、金錢依賴……這些主題，就是這本書，要談的主題。讀完這本書，你的理財裝備，能有絕大的拓展。真實的世界裡，我們無法迴避，必須處理與親人、家人的財務關係。我相信，理「財」，必須先理「人」。

我們一起面對「錢」的壓力，也一起面對「人」的壓力。

PART 2

家庭財務界線引發的問題

$

第2章

家家都有一份「錢與人」的理財考卷

讓我可以解題的契機

人的問題，一向是個難題；而「家人」的問題，更是難題中的難題——因為每個「人」，都有自己的原則和意志——我應當如何生活？我應當追求什麼？我應當接受什麼？應當改變什麼？什麼是值得為之奮鬥的？什麼是得不償失的？每個「家人」，都有自己的意志。

很多時候，「家人」的意志力，就是最大的「摩擦力」。

叔叔的賭債、大伯的卡債、公公的房貸、我和先生當年的冷戰、公公和先生的爭吵……這些無止境的爭執、退縮、埋怨，都足以讓任何一個下定決心理財的人，行動力減緩，能量萎縮，效果減半……理財過程中，甚至不需要真正的匱乏，就足以讓行動癱瘓；我自己經歷，也看著別人經歷，非常感慨。

十六年來，我一直糾結當年陷入財務的困境。我想知道，如果時光倒流，我該怎麼處理大伯的卡債問題，我該怎麼跟先生溝通，減少彼此的壓力；我該怎麼跟公公溝通，降低他的憤怒感；我非常清晰地認識到，如果我要理財成功，絕對不能放棄，去思考、整理這個問題。這就好比，我在面對一張「理財考卷」，「錢與人」的問題，是得分二十五分的應用題。如果想拿高分，二十五分的應用題，絕不能跳過去。我立志致富，必須「解題」。

我沒想到，幫我解開「難題」的，多虧自己的運氣。

這些年，台灣幾乎找不到討論「錢與關係」的書籍。每一本理財書，從選股、資金配置、經濟學、貨幣學、房地產、致富心理學、致富故事到經濟趨勢，幾乎沒有任何一個章節，討論這個問題。

沒人討論，不代表不值得討論。

最終，靠著好運氣，在國家圖書館的角落裡，找到了一本絕版書——這本書書背上的標題，非常有意思：《愛在金錢蔓延時》（*Love and Money*）。愛與錢？我皺起眉頭，書名很吸引人。

我把書放在手掌上，再翻開第一頁，快速瀏覽作者的背景：

作者強納森．瑞奇（Jonathan Rich）是心理學博士，也是知名的「婚姻金錢諮商師」。瑞奇平日居住在加州，專門協助夫妻處理「金錢糾紛與金錢問題」，包括：價值觀、習慣、憧憬、目標。

我胡亂把書翻到中間一頁。接著，看見一張奇怪的大圓圈。我用手指摩挲圓圈的界線，深深地被這個圈圈吸引。

強納森．瑞奇說，這個圈圈，叫做「金錢圈」（見圖表2-1）。

強納森．瑞奇解釋，每個人，都有自己的「金錢圈」，每一個圈圈，代表的是「誰可以用你的錢」。有的人金錢圈很小，甚至小到就只有自己，自己賺的自己花，別人賺的別人花，互不相干；有的人金錢圈很大，可能會把最親的父母、手足包含進來，把親戚包含進來，甚至是很親密的朋友也會包含進來，這些人都可以分享自己的錢，所以這種人的圈圈是很大的。

「金錢圈」？這個名詞很新鮮。

看到這裡，我皺起了眉頭。我先生當年說什麼？對了，他告訴我：「我工作的目的，就是希望我自己、我自己的家人（親密的人）都幸福。」我想像著，把書上的圈圈塗上顏色，我突然意識到，我先生的「金錢圈」如下頁圖表2-2。

而我垂著頭，把自己的金錢圈，在心目中塗成了下頁圖表2-3的樣子。

我飛快地對照一下，大吃一驚。

我跟先生的金錢圈，範圍完全不同——他的圈圈比我大，我的圈圈比他小，難怪大伯卡債的問題，我們會有這麼大的衝突；在看不見的大腦裡，在說不清的意志裡，我們的價值觀，竟然有這麼大的差距？

我突然意識到，在這本書裡，一個人在金錢上的意志、信仰、價值觀，可以這麼

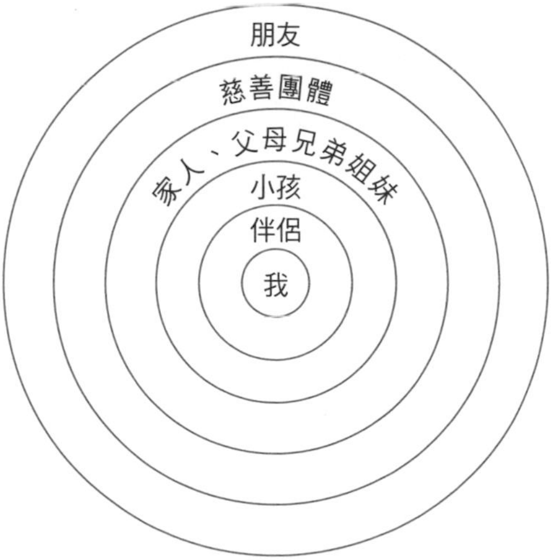

▲ 圖表 2-1　金錢圈。

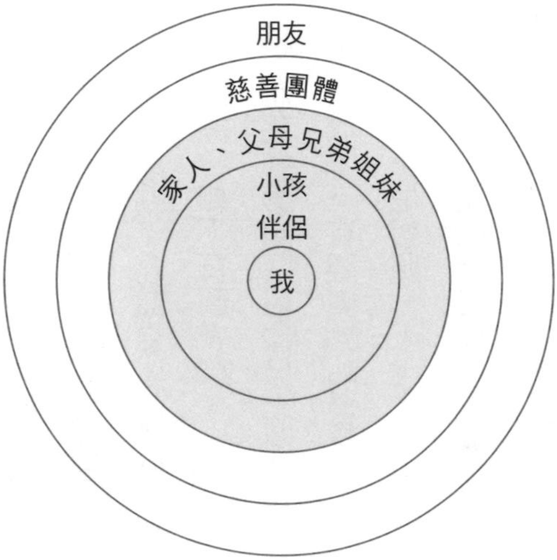

▲ **圖表 2-2　我先生的金錢圈。**

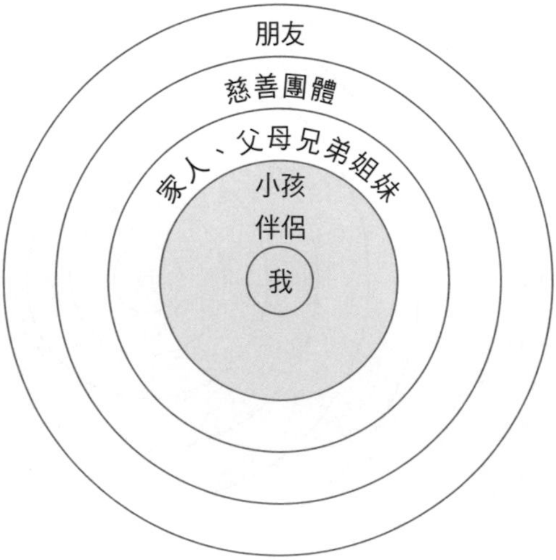

▲ **圖表 2-3　我的金錢圈。**

具體地、這麼清晰地，被畫出來，被看清楚？我盤算著，假如，每個人「看不見的」、「隱藏的」意志，都能用書裡提供的圖表，展示、比對、整理；我和先生當年的冷戰、公公和先生的爭吵……也許，會有溝通與和解的契機？

這些年，我聽了很多人生故事。我們談錢，卻談出了人生——被家人勒索、被霸凌、被恨、被愛、被依賴，又被背叛。

每個人的故事，都像河谷中的溪流，蜿蜒曲折，一路嗚咽，潺聲迴盪，直到山谷深處。我的困境，也是所有人的困境。

我突然驚覺，我能做點什麼，而日動作要快。

現在，這本書，也許是個線頭。這個線頭，足以拉出一長條糾結的線團，解開十六年前，我面臨的卡債困境。

理財的五大「摩擦力」

在那之後，我更敏感地察覺身邊出現的這類故事：「亂投資的叔叔」、「愛賭博的媽媽」、「不負責任的小姑」、「融資炒股，賠光退休金的爸爸」……

經過好幾年的觀察，我發現這些困境有一定的模式，大約可分成五大類型：

1. 金錢圈問題（我的錢要給誰用？弟弟欠錢我該幫嗎？）
2. 金錢依賴問題（小姑離婚了，住在家裡，讓我付水電費？）
3. 金錢義務問題（公公一個月需要拿五萬元奉養金？）
4. 金錢性格問題（老婆太會花錢怎麼辦？）
5. 金錢藍圖問題（先生覺得這種生活品質就可以了，我覺得不滿意）

所謂的「金錢圈問題」，指的是每一個人，對「我的錢可以給誰用？」的範圍問題。比如說，我先生的哥哥，不在我的「金錢圈」內；卻在我先生的「金錢圈」內；我們的範圍不同，爭執就一觸即發。很多夫妻或伴侶，都有類似困境。

而「金錢依賴問題」，指的是由家族裡的「情感依賴」轉移到了「金錢依賴」。像我叔叔，依賴我爸爸、媽媽，長期索取賭資，就是典型的例子。

「金錢義務問題」，是「什麼身分，該盡什麼樣的金錢責任」。

通常，人們會起衝突，通常是對「責任」的內容，有了歧見。比如，我公公認為兒子該還房貸，兒子卻有不滿，這就推高了家庭衝突，造成壓力。

至於「金錢性格問題」，指得是「花錢的習慣」。有的伴侶，甚至同住的家人之間，因為對吃什麼、玩什麼的標準不同，累積許多壓力。這類壓力很細微，很折磨，時間很長，對一個人存錢的效率，很有殺傷力。

最後，「金錢藍圖問題」，指的是「人生的小劇本」歧異。

每個人對自己「現在要過什麼生活」、「未來要過什麼生活」，在腦中有一個基本的「圖像」。夫妻、伴侶之間，假如「小劇本」不同，就會吵個不停。理財的時候，有的太太不願意省錢、不願意承擔風險，這跟她「腦中的小劇本」有關係。如果夫妻之間，劇本無法協調，所有為理財而做的努力，很容易半途而廢。

這些「金錢圈」、「金錢依賴」、「金錢義務」、「金錢性格」、「金錢藍圖」問題，我統稱為「理財的五大摩擦力」。幾乎每個人的「金錢與家人」困境，都能對號入座，與其相應。

細看這五大摩擦力，我陷入沉思。

分類整理的過程，帶給我一種「俯瞰」的視野；這種視野，讓我跟當年自己的情緒，達成更多連結。我突然能從更廣闊的視野，看待當年的處境；跟當年的情緒和解，保持穩定；這種穩定，激發我的洞察力……我突然發現，這五大「摩擦力」，都指向「金錢界線」問題。

金錢界線：劃分金錢使用的範圍

金錢界線，是心理學家亨利・克勞德（Dr. Henry Cloud）和約翰・湯森德（Dr. John Townsend）在《過猶不及》（*Boundaries*）這本書提出的概念；在很多年前，我因緣際會讀到這本書。

亨利・克勞德和約翰・湯森德提出的「金錢界線」，指得是「錢包的界線」。他們比喻，**「金錢界線」，就像後院草坪的籬笆。藉由籬笆，我們才能知道，自己的草坪有多大？有多寬？我們要在哪個範圍內澆水、施肥、修剪，不在哪個範圍內澆水、施肥、修剪。我們能分清楚什麼事「自己」的責任，什麼是「別人」的責任。**

每個人都該為自己的草坪負責——那是我們的「管理範圍」。

想像一下，我們打開自己的澆水系統，卻把水灑在了鄰居的草坪上，結果過了一段時間，你自己的草坪枯萎了，鄰居家的草坪卻綠油油的，那麼，這就是沒有管理好自己「界線內的東西」，失去了「界線」。（你的籬笆圈在鄰居那兒，還是你自己家？）

失去金錢界線，是很危險的；也很讓人迷惑。

在金錢界線裡，就是你本來應該要擁有的生活。失去了界線，你會失去你本來應該擁有的生活。

在現實生活裡，如果我們動了憐憫之心，用錢幫了一些人，結果幫了一些人，卻讓我們變得憤怒、不滿，此時，你的金錢界線就是被侵犯了。

這就好比，十六年前，大伯欠下的卡債，實際上是他「花園裡的草枯萎了」，他自己應該承擔，沒有「澆水」、「施肥」的後果；結果，我先生卻踏進他的後院，幫他除草、澆水、施肥，回過頭，分身乏術，荒廢了自己的後院；結果，我先生失去了「金錢界線」，我大伯失去了「金錢界線」，沒有一個人，為自己籬笆裡的草坪負責，最終，兩塊草皮，都奄奄一息。

事實上，劃清界線，不但保護自己，更是保護別人。

不止我們自己該懂得照顧自己擁有的東西，別人也該懂得照顧自己擁有的東西；築一道籬笆，不是築一道牆；我們互相欣賞，互相協助，但不越過籬笆，代替他照顧——

「愛」他，不是「成為」他。

「金錢界線」在處理「五大理財摩擦力」時，是很重要的關鍵能力。因為這五大「摩擦力」，都屬於「界線」問題（見圖表2-4）。

金錢藍圖、金錢性格，屬於夫妻、伴侶之間，「界線」太過清楚，無法協調，需要「塗銷」的問題；金錢圈、金錢義務、金錢依賴，屬於親戚、兄弟、父母、子女之間，「界線」太過模糊，需要「畫清楚」的問題；歸納起來，都是「界線問題」。

我非常激動地發現，金錢界線問題，是能夠被陳列、分析、洞察、整理。在我整合了心理學、潛意識、理財知識，配合十六年理財經驗之後，我在這本書裡，將帶大家逐步學習整體兩項技能。

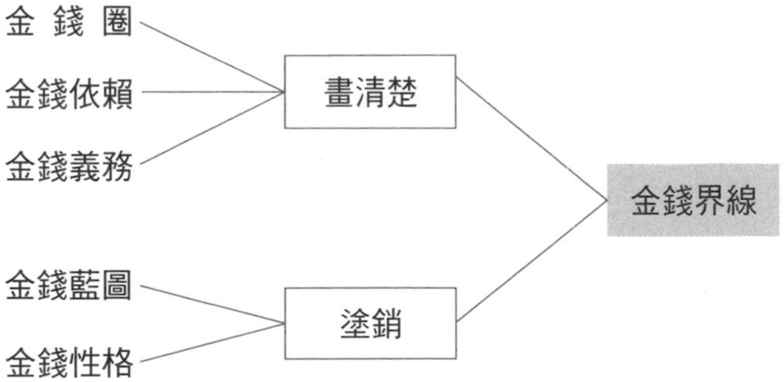

▲ 圖表 2-4　金錢界線。

畫清楚金錢界線

認識什麼是「金錢界線」

界線本來是個心理概念，但用在金錢上，代表了錢包的界線。

認出自己的「金錢界線範圍」

如果有人說，你要好好捍衛你的草坪，你要為自己的草坪裡發生的一切事情負責，但是，卻不告訴你，你的草坪界線在哪裡，你不會非常困惑嗎？

學會指認「什麼是自己該負責的？」「什麼不是我該負責的？」為自己的錢包拉出清晰的籬笆，我們才能過上更好的生活。

應對自我懷疑與困惑

學會應對「我是自私嗎？」「我是不孝順嗎？」「我會傷害到別人嗎？」這類的

「自我懷疑」。

塗銷金錢界線

認識自己與伴侶的「金錢性格」、「金錢藍圖」

重新整理彼此的「生活憧憬」、「現狀定義」、「花錢習慣」，指認彼此的差異。

找出消弭、和諧共處，協力前進的策略

用有效的心理學方法，協調彼此差異，互相諒解，訂出理財目標、協力前進。

這是這本書要帶給你的東西，也是我這十六年理財經驗中，憑著運氣和熱情，找到的答案。

每個人，對自己的草皮，對自己的錢包，都有絕對的主控權。

我們可以保持冷靜，學會怎麼拒絕家人，怎麼面對內心，跟壓力說不，不放棄自我控制，顯示出真正的自己，拒絕經歷沮喪、糾結的金錢困境。

不學會「拉出」這條線、「消弭」這條線，你的金錢生活、理財歷程，絕不可能一帆風順。

接下來的段落裡，我要從我累積的知識、從心理學家、社會學家整合的資訊裡，幫大家重建「金錢的籬笆」。我會在這本書裡，一步一步，帶大家創造幸福、豐足的金錢界線。

記住，我們在「拉一條線」，不是「築一道牆」。我們可以把壞的踢出去，好的留下來。

而在這個課題上，我們去面對「錢」的壓力，意味著我們是在面對「人」的壓力。

第3章

金錢圈：錢包的界線，決定誰可以用你的錢

小米是我的朋友，剛結婚不到一年，就開始埋怨婆婆。婚前，小米看到先生每個月扣除必要開銷，會交給媽媽兩萬元，補貼家用；小米以為，先生負責任，重感情，上進、勤儉、孝順，是個不可多得的好男人，但興沖沖結婚之後，這一切，開始不對了。

首先，小米驚覺，婆婆一共有三個小孩，每個小孩固定給媽媽兩萬元，婆婆一個月可以拿到六萬元，卻總是嘮叨著，不停抱怨。

小米住在娘家，東摳西省，為了存頭期款，為了孩子教育基金，她努力工作、努力加班，只為了多存一點，卻總像孤軍奮戰，無人奧援。

先生薪資有限，每個月扣除必要開銷，再扣除給媽媽的兩萬元，幾乎無法存錢。小米焦慮極了。

小米跟我說，她不是虛榮的女孩子，她只想替自己、替孩子，存買房的頭期款。但先生付給婆婆的兩萬元，像壓在井口的大石頭，挪也挪不動；她想減少給婆婆的贍養費，但糾結的處境、尷尬的角色，讓小米猶豫著，卻步不前。

婚後，小米非常不快樂，她哭著告訴我，要早知道會陷入這種處境，她不會結婚，不會跳這個坑；我拍拍她的肩膀，告訴她我懂，我能感同身受。

在我小的時候，爸爸從沒拿錢回家。奶奶缺錢，爸爸給錢，叔叔花錢，我家的「金錢鏈」，牢不可破。

跟小米的先生一樣，爸爸從開始工作以來，薪水全數交給奶奶，到了婚後形式完全沒變。

奶奶買米、買油、買衣服，爸爸出錢，叔叔的賭債，爸爸還錢。媽媽婚後，只能適應著、掙扎著，無力改變。

幾十年來，媽媽痛苦、憤怒、埋怨，三不五時就跟爸爸吵架、打架、互相詛咒、責罵，看著他們的婚姻一塌糊塗，我既感到無奈，也感到糾結。

從表面看來，爸爸愛她的媽媽，比愛我的媽媽，似乎還多一些。

爸爸結婚了，但在婚姻裡，他奉養自己的母親，卻不曾鬆開舊的金錢界線，畫一條新的，適應改變。媽媽被疏忽，媽媽被犧牲了，他們的親密感、信任感，在一次又一次的爭吵中，推向毀滅。

但往深一層看，爸爸的愛，也許沒有差別，他只是忽略了、遲鈍了，無法「看見」——「看見」自己的內在，有一個「金錢圈」，這個圈圈決定他的信念，決定他的順序、決定他的目標和價值觀，影響他的生活、他的婚姻。他被金錢圈推動著，而他渾然不覺。

「金錢圈」指的是「**錢包的界線**」，**在這個界線裡面，決定了誰可以用你的錢**。

小時候，我們的「金錢圈」只有自己，所以常會看到小孩子拿著紅包，霸氣地說：「這是我的！」如果有人講說分給我一點好不好，小孩子會很生氣說：「不可以！」

孩子年紀大一點，他開始發現，不把手上的錢分享出去，顯得小氣；他開始試著鬆開錢包，擴大自己的「金錢圈」，他會把錢借給好朋友，也會把錢花掉，買零食、買玩具，跟朋友一起分享。

隨著年紀再大一點，孩子開始工作。這時他的「金錢圈」，會隨著擴大的朋友圈，跟著再擴大一點——伴侶、父母、同事，許許多多的「別人」，也許都可以跟自己共享，用自己的錢。

但隨著「朋友借錢不還」、「同事倒會」、伴侶移情別戀、加入慈善組織，有些人的「金錢圈」會縮得小些，有些人的「金錢圈」會擴得大些，隨著時間過去，每個人憑藉著經驗、憑藉著境遇，摸索著、斟酌著，逐漸建立起一個清晰的「圈圈界線」。

在進入婚姻之前，每個人「圈圈」清晰明朗——有的人「金錢圈」很小，小到就只有自己，自己賺的自己花，別人賺的別人花，互不相干；有的人「金錢圈」很大，父母、手足、親戚、很熟的朋友、太太、孩子，都在裡面，一起形成一個更大的圈。但不論是大、是小，一旦進入婚姻，夫妻合併財務報表、合併銀行帳戶，共同撫育孩子，一起還房貸，一起存退休金，一起奉養父母……兩個人的「金錢圈」，被迫「重疊」。

在婚姻裡，「重疊」金錢圈的時刻，既痛苦，又危險。

金錢圈大的人，得縮小自己的圈圈，去重疊小的；金錢圈小的人，得擴大自己的圈圈，去重疊大的；縮小和擴大的過程，都是「改變」，而改變是痛苦的，改變是掙扎的，任何一方，如果無法完成轉化，兩個圈圈疊不起來，會面臨決裂——小米的婚姻，

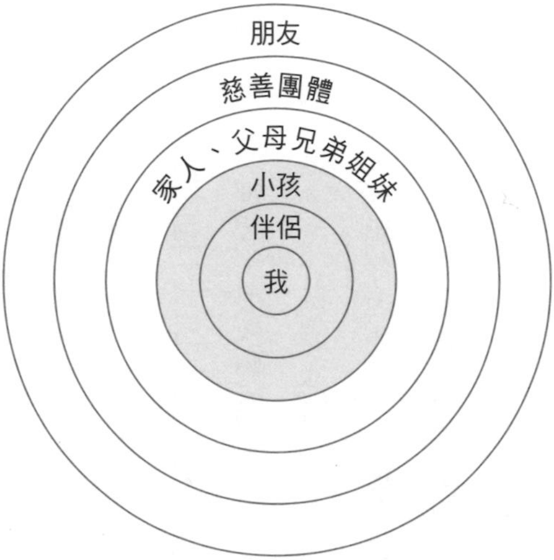

▲ 圖表 4-1　小米的金錢圈。

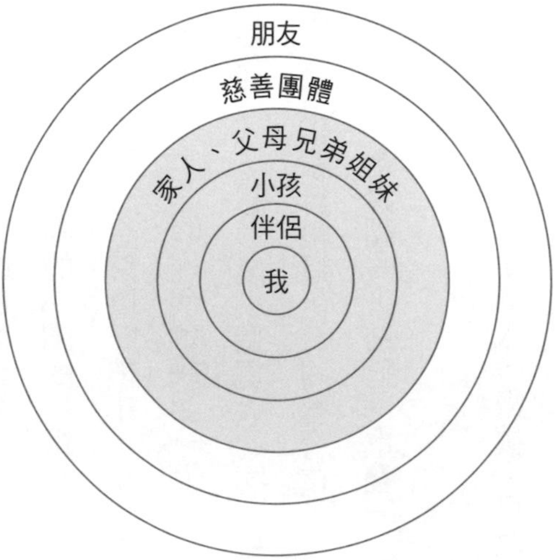

▲ 圖表 4-2　小米先生的金錢圈。

正遭遇這樣的風險。

小米告訴我，她畫出來的「金錢圈」如圖表4-1。而她先生畫出來的「金錢圈」如圖表4-2。

圈圈一大一小，無法重疊。

小米說，先生把爸爸、叔叔、舅舅、妹妹，都當成了「自己人」；而「自己人的事」，就是「自己的事」。對先生來說，媽媽的生活費、爸爸的股票融資、哥哥的卡債、妹妹的嫁妝，甚至姪女的大學學費，他有義務，也該承擔；給媽媽的兩萬元，天經地義，理所當然。小米進入他的生活，不會改變什麼——這種超大的「金錢圈」，讓小米崩潰。

小米的金錢關係，謹小慎微。

她哽咽地告訴我，小時候爸爸幫舅舅作保，被惡意倒債，全家慌慌張張、憔悴踉蹌，逃債十幾年。十幾年來，小米東奔西跑，惶惶終日。爸爸為了躲債，四處逃竄，整年見不到人；哥哥、妹妹住在各個親戚家裡，不停轉學，每個人心事重重，有家不得歸。說起這段經歷，小米抽抽噎噎。她堅定地告訴我，錢算得越清楚，越不傷感情；資助兄弟姊妹，只會怨恨不斷，遺禍萬年。小米用手指著自己的圈圈，邊噙著淚，邊把頭搖得像只波浪鼓。她告訴我，自己工作十幾年，既不借錢給家人，也不過問親人債務；婆婆的贍養費，她也實在給的心不甘、情不願；她的金錢圈，小而獨立，堅不可摧。

我聽完她們的故事，就知道小米的小圈圈，和先生的大圈圈，從重疊的那一刻，注定天崩地裂。

小米沒有先生的經歷，不諒解先生的觀念；先生沒有小米的經歷，不理解小米的恐懼；他們夫妻倆從沒有坐下來，好好觀察自己、敞開自己，把過去的經驗、過去的信念，整理一下、梳理一下，好好溝通、彼此理解。

他們按照情緒行動，依照舊的心智地圖行動；先是抗拒、隱忍，接著嘮叨、埋怨，最終冷戰、吵架，在婚姻裡施加壓力，把兩個人的連結感、親密感，關在黑暗裡，拉進深淵。

要說我從自己的經驗裡，學到了什麼。也許是我體會到，每個人都有自己獨特的故事，自己獨特的掙扎過程，沒人應受責備。大圈圈不一定就是好的，小圈圈不一定就是壞的；我們該回到孩子一樣，手拉著手，肩併著肩，坐下來，一起畫出彼此的「金錢圈」，做一次大腦的「心智掃描」。

大腦就像彈珠檯，彈珠台裡的鐵椿，位置是不一樣的。當一個想法、一個動作出來的時候，會彈出不同的路徑，掉進不同的彈珠孔裡。我們要做的事情，就是去看清楚對方的「彈射路徑」，瞭解他有怎樣的過去，有什麼印記，不做出任何判斷、不做出任何承諾，只是理解——理解對方的經驗、理解對方的情緒，揣摩對方的處境，用對方的角度，重新看世界——這才是敞開；才是溝通；才是和解。

練習畫出「金錢圈」

你有沒有想過，你和你的另一半的「金錢圈」各自是什麼樣子？誰可以分享你的錢？用到什麼程度？請畫出你的圈圈，並且把它塗黑。

接下來，也邀請你的伴侶，一起來畫出自己的「金錢圈」。

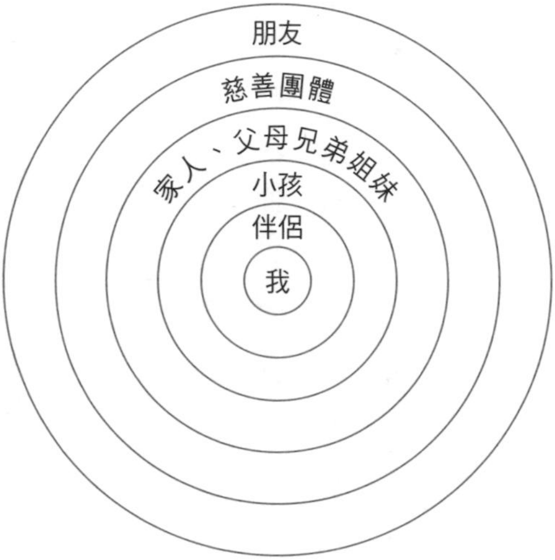

▲ **圖表 4-3　畫出你的金錢圈。**

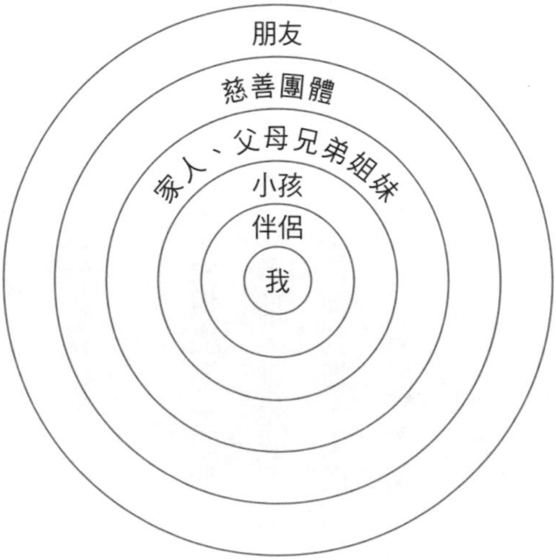

▲ **圖表 4-4　畫出伴侶的金錢圈。**

對照

觀察你們倆的圈圈，大小一不一樣？能不能重疊？

1. 重疊了：恭喜！你們中了「大腦彩票」。金錢圈重疊的伴侶，在金錢問題上，會減少很多糾結。

2. 不能重疊：假如圈圈一大一小，那麼就得好好談一談了。此時，你們應當坐下來，試著談談看，是什麼事件、什麼經驗，塑造了你自己的圈圈大小？你們應當互相理解，對方的圈圈，為什麼跟你不同？彼此的成長背景，有哪些是不一樣的經驗？

透過問題來互相理解

1. 說說看你小時候的成長環境、你有什麼玩具？跟同學相比，你覺得自己寬裕嗎？
2. 說說看你父母小時候的成長環境、他們富有嗎？
3. 你父母是否會為了錢吵架、煩惱？你的家庭裡，有沒有借貸給親人的債務問題？
4. 小的時候，跟同學比起來，你覺得自己寬裕嗎？
5. 你相信家人的生活跟債務，你應該一併承擔，「有難同當」嗎？

A 如果你相信，那你仔細想想，是誰告訴你的？或是做給你看？（身教）

B 如果你不相信，那你仔細想想，你為什麼不相信？

這是我的回答，供你參考

1. 說說看你小時候的成長環境、你有什麼玩具？跟同學相比，你覺得自己寬裕嗎？

小時候，我家裡做生意，幾乎不缺零用錢。我記得小學三年級，媽媽就買了全新的電動削鉛筆機，一台一千三百多元，在三十年前，堪比一台 iPAD。但是嚴格說起來，我家不算寬裕，只是特別敢花錢。

2. 說說看你父母小時候的成長環境、他們富有嗎？

我媽媽小的時候，家境非常不好。外婆有七個孩子，外公愛喝酒、也會賭博，家裡的經濟，一直有困難。媽媽十二歲就出門打工，幫傭、洗頭髮、當學徒。我爸爸從大陸逃來台灣，在台灣一直努力工作。叔叔從小到大，爸爸一路資助他的生活；每年還寄錢回大陸，幫助留在大陸生活的大伯，經濟一直很拮据。

3. 你父母是否會為了錢吵架、煩惱？你的家庭裡，有沒有借貸給親人的債務問題？

從小，我父母就為錢吵架。

媽媽拿錢回娘家，幫助舅舅還債；爸爸拿錢回奶奶家，幫助叔叔還債；兩個人各自有負擔，但各自不放手。

他們持續資助家人，長達三四十年，但也為了錢的分配，爭執不休。

4. 你相信家人的生活跟債務，你應該一併承擔，「有難同當」嗎？

A 如果你相信，那你仔細想想，是誰告訴你的？或是做給你看？

我媽媽從小就跟我說，家人是自己人，自己人的事，就是自己的事。即使是個「錢坑」，也要努力幫忙，盡力去做。這是我們的命，我們的責任，不能不扛起來。她自己確實做到了，幾乎幫家人，幫了一輩子。包括各式各樣的債務、倒會、賭博、學費，還了一輩子。

B 如果你不相信，那你仔細想想，你為什麼不相信？

我媽媽、我爸爸的資助過程，讓我警醒。

我看到一路資助的過程中，接受的人，不會學到該學的教訓、沒有獨立起來，為自己負責。所以，長大之後，我反過來，想在金錢上做到獨立、做到沒有牽連、乾乾淨淨。

5. 回頭來看，從你的人生經驗中，有沒有什麼事件，讓你的「金錢圈」縮小過？或者擴大過？

這些經驗，讓我的金錢圈一直小小的。

生了孩子之後，小孩子成為第一次擴張金錢圈的時刻。我很樂意跟孩子們共享我的金錢。那是我第一次，擴大了我的金錢圈。

自己做一次

1. 說說看你小時候的成長環境、你有什麼玩具？跟同學相比，你覺得自己寬裕嗎？

2. 說說看你父母小時候的成長環境、他們富有嗎？

3. 你父母是否會為了錢吵架、煩惱？你的家庭裡，有沒有借貸給親人的債務問題？

4. 小的時候，跟同學比起來，你覺得自己寬裕嗎？

5. 你相信家人的生活跟債務，你應該一併承擔，「有難同當」嗎？

A 如果你相信，那你仔細想想，是誰告訴你的？或是做給你看？（身教）

B 如果你不相信，那你仔細想想，你為什麼不相信？

伴侶做一次

1. 說說看你小時候的成長環境、你有什麼玩具？跟同學相比，你覺得自己寬裕嗎？

2. 說說看你父母小時候的成長環境、他們富有嗎？

3. 你父母是否會為了錢吵架、煩惱？你的家庭裡，有沒有借貸給親人的債務問題？

4. 小的時候，跟同學比起來，你覺得自己寬裕嗎？

5. 你相信家人的生活跟債務，你應該一併承擔，「有難同當」嗎？

A 如果你相信，那你仔細想想，是誰告訴你的？或是做給你看？（身教）

B 如果你不相信，那你仔細想想，你為什麼不相信？

讓彼此的金錢圈重疊

在這項練習中，你會看到，自己和對方有著不同的記憶、不同的經驗，因此形成不同的價值觀、不同的信念。

你要知道，沒有任何價值觀是不好的，沒有任何信念是不好的，關鍵在於，你「期待」了什麼？

期待他「為了你而改變」？期待他「站在你這一邊」？期待他「聽懂你說的話」？

期待混淆了你的心智，讓你陷入憤怒，非常危險。

對我先生來說，他不應該期待，像我這樣的女人，會相信他的哥哥，幫助他的哥哥，期待他知錯能改，善莫大焉——在我過去的經驗裡，幫助親人，非常危險——這個經驗，應當得到重視，得到諒解。

而對我來說，我也不應期待，像我先生這樣的男人，會背叛他的家人，掠下他的苦難，見死不救，自掃門前雪——在他過去的經驗裡，背叛親人，非常惡劣——他的心情，應當得到接納，得到諒解。

最終，我們檢討這一切，不是要指責誰對得多一些、誰錯得多一些；我們要放下期待，讓大腦像個水晶似的，想想自己能接受什麼樣的改變？

回想起來，當年我如果能接納先生的心情，提出一筆金額——比如一百萬元，讓他幫哥哥還卡債，支撐兩年、三年，讓哥哥得到緩衝的機會。我想，這個做法會是和解、諒解、愛，也是慈悲。

同樣地，我先生當年如果能知道我的過去，體諒我的感受，提出折衷的做法，不指責我「自私自利」；我們當年的撕裂感、痛苦感，也會大幅降低。

我們都能做點什麼，我們都能改變圈圈的邊界，我們不應留在原地，互相指責，互相抱怨。

時隔這麼多年，我感慨萬千。

伴侶之間，目標是一致的——我們要愛，我們要連結。請試著，讓自己的圓圈，擴大一些、縮小一些，一起畫出，同一個圓。

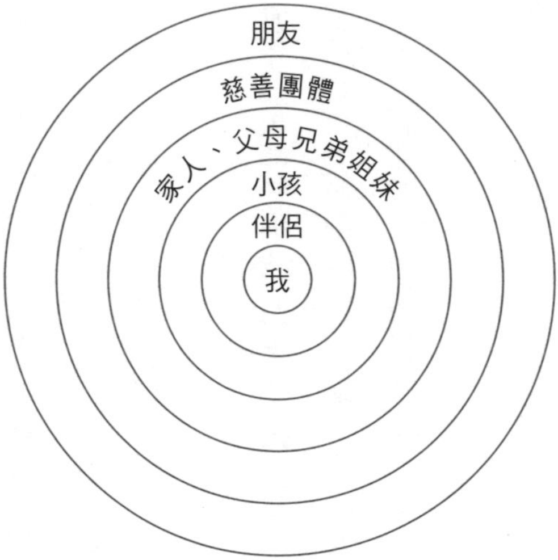

▲ **圖表 4-5　與伴侶一起畫出共同的金錢圈。**

第4章

金錢依賴：家家都有自己的「生態圈」

小萱來找我的時候，像抱著救生圈似的握著手提袋。她聳著肩、低著頭，看起來受了很大打擊，神情恍惚。

小萱的婆婆有兩個孩子，先生的妹妹今年三十五歲，離婚後帶著小孩跟婆婆住在一起，沒有工作，吃家裡、用家裡。

小萱的先生每個月給婆婆兩萬五千元，除了付家裡的水電費、手機費，還幫妹妹的孩子付學費、付書本費。有時婆婆心血來潮，和妹妹出國去玩，也是小萱先生買單。

小萱剛認識先生時，覺得他認真、負責、顧家，是個可靠的人。可是結婚之後，小萱開始精打細算——她要存退休金、存教育金、存頭期款——養婆婆就算了，現在連小姑、小姑的孩子都要養？這種現況，讓她感到不滿。

小萱的公公很早就去世了。婆婆獨自拉拔孩子長大，非常辛苦。小萱說，她能體諒婆婆的心情，也懂「同舟共濟」的道理，但一個料想不到的衝突，擊潰了她的底線。

上週，小萱的婆婆，突然找他們聚餐。飯局進行一半，婆婆提到，小姑為了賺錢，抽紅單買了一間套房，轉手要賣，卻怎麼賣也賣不掉。

履約時間到了，建商要小姑支付頭期款。小姑根本沒有錢、也根本沒有辦法貸款，如果付違約金，又像把錢丟水裡，實在不划算；於是婆婆要小萱一家，主動承擔房貸。「錢放在銀行裡，只會越來越薄，以後房子也是你們的，就當是做投資。」婆婆自言自語道，「媽媽不會害你們的，都是為你們好。」

聽到這裡，小萱瞪大雙眼，驚駭莫名。一直以來，小萱就一直對小姑不滿。她離婚後住在家裡，不愁吃、不愁穿、不愁孩子沒人帶，卻不找份工作，讓自己獨立起來。現在投資失敗，爛攤子一丟，讓家人為自己解圍？這種戲碼，虧她演得出來。

她和先生對視了整整一分鐘，終於從喉嚨擠出一個細小的聲音，小得幾乎聽不見：「再說吧。我們考慮看看。」

婆婆站了起來。「是要考慮什麼？那是你妹妹耶！」她用雙手扣住桌緣，使勁搖晃桌面。「你不幫，難道要我幫？我都幾十歲的人，要我來幫？」婆婆的聲調突然高了起來。

小萱的壓力陡然升高。她漲紅了臉，扁著嘴，轉身走上台階。婆婆跟著跑了過來，尖聲叫道：「你不幫就沒有人可以幫了！」她嘶喊著，突然膝蓋一軟，朝著小萱，跪了下來。

小萱想伸手拽住她，但來不及。婆婆跌下台階，「咚！」的一聲重重砸在地板上，發出可怕的聲音。

「自己人都不幫，還算是一家人嗎？」婆婆嚎叫著，一面攥起了拳頭，一拳打在自己的大腿上，「是媽媽無能啊！」她哭喊著，「你如果不幫妹妹，她這輩子就完了啊……她已經這麼命苦了，你們哥哥嫂嫂……見死不救啊……」婆婆慟哭起來，儘管好幾個人拉著她，但她還是坐在地上，面容扭曲，淚水汩汩而下。

局勢急轉而下，小萱沁出一頭冷汗。她告訴我，在那個場面，她只能寒著臉，頹然把債務背起來。

一開始，小姑指天指地，誠心懺悔，發誓不推卸責任。然而才過半年，本來兼差的工作，突然不幹了，所有的爛攤子，又丟回給先生，讓小萱一家，獨自承擔。

說起這段經歷，小萱抿著幾乎消失的雙唇，表情呆滯，異常嚴肅。我們討論著將來的財務規劃，然後陷入沉默。

在婚姻裡，每個家庭都有自己的「生態圈」。「生態圈」裡，給錢的是「照顧者」，拿錢的是「依賴者」，彼此互生、互剋、互依、互存，層層疊疊，牢不可破。而小萱和先生的夫妻關係，是第一層、也是最核心的「照顧─依賴」網絡。

在這層網絡裡，太太和先生的功能，各自不同：先生不一定是給錢的人，太太不一定是拿錢的人，因此太太可能是「照顧者」，先生可能是「依賴者」；彼此同時，有的夫妻，會拿家人的錢、被家人照顧，一併成為「依賴者」；也可能拿錢給各自的家庭，一併成為「照顧者」。每個類型統整起來，會有「依賴者＋依賴者」、「依賴者＋照顧者」、「照顧者＋照顧者」三種模式。

妻／夫	照顧者	依賴者
照顧者	照顧者＋照顧者	依賴者＋照顧者
依賴者	照顧者＋依賴者	依賴者＋依賴者

這三種模式，形成各式的相處風格。

三種類型的相處風格

「依賴者＋依賴者」：最惡劣的關係

朋友小恭是工廠小開。成年之後，他領著工廠股份，每月分紅。

小恭和太太每個月能領十萬元，偶爾跑跑業務，並不參與經營，也不煩心業績，基本打個醬油，工作毫無壓力。

小恭和太太，是典型的「依賴者＋依賴者」關係。他們同時拿夫家的錢，被夫家的人照顧著，但生活獨立，少受干涉，家人相處和諧，少有糾葛，對比同學小鋒，卻沒有那麼幸運。

小鋒是藥劑師，在讀大學時，認識了家裡開藥行的太太。結婚之後，小鋒成了藥行小老闆，不愁吃、不愁穿，端著岳家的鐵飯碗，卻怨聲載道、悶悶不樂。

小鋒說，岳父剛愎頑固，頤指氣使。仗著小鋒領自己的薪水，評論他的食衣住行，干涉他的喜好娛樂，連新買的房子，都嘮叨不停。

新房的頭期款是岳父岳母出的，從裝潢一開始，就雞犬不寧——小鋒要裝潢成「工業風」，但岳父看不慣，總鐵青著臉，指責「梁為什麼不包起來？」「牆為什麼刷成灰色？」「水管怎麼能露出來？」讓小鋒困擾不已。為此小鋒常和太太吵架，發洩自己的情緒。

小鋒告訴我，他在這段婚姻裡，已經感到窒息。這次新屋裝潢的糾紛，讓他下定決心。小鋒打算離開藥房，自己開一間，重新開始——他寧願窮一點、辛苦一點，也不願被掐著喉嚨，當岳父的奴隸。

小鋒累積著這麼多的不滿與憤懣，是最惡劣的「依賴者＋依賴者」關係。

「依賴者＋照顧者」：大部分主婦的家庭模式

我的朋友小琪和先生，是完美的「依賴者＋照顧者」組合——她的先生在園區工作，小琪是家庭主婦，互相能夠諒解，尊重對方的付出，絕不口出惡言。

小琪說，先生開口閉口，都是感謝。他知道照顧兩個孩子，非常辛苦，所以下班之後，小琪的先生，會讓她獨自出門，四處散散步。

「依賴者＋照顧者」是大部分主婦的家庭模式。相處好的，夫妻能互相諒解，尊重對方的付出。相處不好的，老公抱怨老婆、老婆抱怨老公，彼此都不滿意。

有的先生談起太太，會扁著嘴，皺著眉，語帶諷刺地說：「她命真好，每天在家吹冷氣、看電視、追劇，還可以悠哉睡午覺、逛街買東西，而我呢？我在賣肝！」

很多太太會對先生咆哮道：「有工作了不起啊？了不起啊？你以為只有你會累啊？不然換你在家帶孩子看看啊？來啊！」

太太覺得自己該被照顧，卻沒被照顧好，犧牲很多，非常委屈……這種狀態，就是不協調的「依賴者＋照顧者」關係。

剛才小萱的經歷，就是不協調的典型——小萱是家庭主婦，但對先生照顧小姑、小姑的女兒，感到不滿，累積憤懣，逐漸失控。

小萱總沉著臉，隨時心事重重。心底的不滿像河底的垃圾，逐漸飄浮起來，小萱常常失控，偶爾就購物發洩，對先生的挑剔，總持續進行。

小萱的婚姻，像踏進了沼澤，一腳陷進去，另一隻腳拔不出來，越掙扎、越頑強，越陷越深，眼看就要滅頂。

「照顧者＋照顧者」：彼此不相干涉，互相支持

有的夫妻彼此都有工作，各有各個帳戶，各顧各的開銷，互相獨立起來，照顧各自的原生家庭，負擔各自的奉養金，互不干涉，互不評論，這是比較好的「照顧者＋照顧者」模式。

「照顧者＋照顧者」的夫妻，是有骨氣的承擔者。這個類型往往責任感強、自我要求高、完美主義。

「照顧者＋照顧者」的夫妻，如果協調得好，彼此不會吵架；你拿錢照顧你想照顧的人，我拿錢照顧我想照顧的人，彼此不相干涉，互相支持，但棘手的是，如果錢沒安排好，對家庭造成壓力，比如：房貸還不出來、現金流變緊、儲蓄率越來越低——夫妻之間，就可能互相指責：「為什麼總是你家需要錢？」「為什麼你家一直出事？」傷害彼此的信任感，讓衝突加劇。

由此看來，僅僅在婚姻裡，先生跟太太之間，就有這麼多「依賴者」和「照顧者」

的類型。先生和太太之間，光是不埋怨、不指責、互相退讓、互相體諒，已經非常不容易；何況在這層最核心的關係上，加進父母、兄妹、親戚、朋友的依賴關係，經營這超大的「照顧—依賴」網絡，成了人生難題。

在小萱的婚姻裡，小萱的老公是整個家庭的「照顧者」，而她的婆婆是第一層的「依賴者」，小姑是第二層的「依賴者」，小姑的小孩則是第三層的「依賴者」。

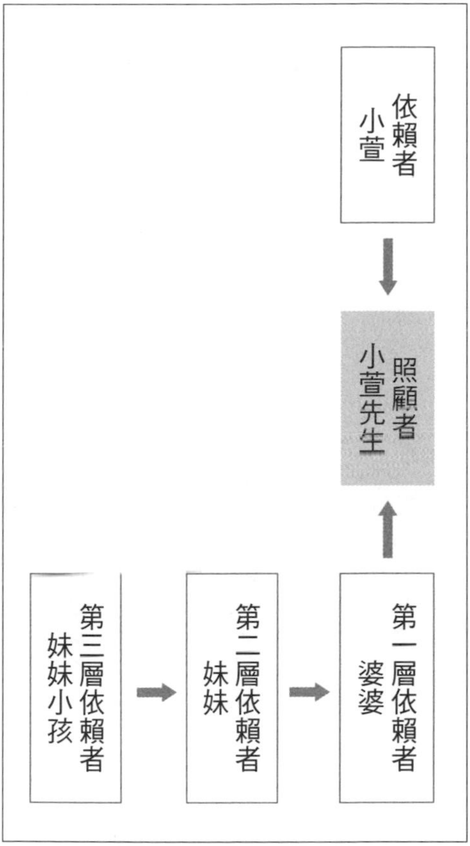

▲ **圖表 6-1　小萱家的生態圈。**

這個「生態圈」，以小萱的老公為核心，像掛肉粽一樣，牽帶著婆婆、小姑、小姑的孩子、以及小萱自己。他們的關聯，是老公除了照顧小萱，還要照顧他母親，母親要照顧女兒，女兒又要照顧自己的小孩……所以你會看到一層又一層的依賴關係，卻仰賴同一個照顧者（小萱老公）。這種恐怖的依賴關係，意味著多大的精神壓力。

當小萱要阻止婆婆，她面對的，是一幅盤根錯節、固態僵化的依賴關係。要掙脫這層「生態圈」，談何容易。

畫出家庭的「照顧—依賴」圖

接下來，就讓我們一步一步畫出自己的「依賴者＋照顧者」生態圈，認識自己：

1. 範例

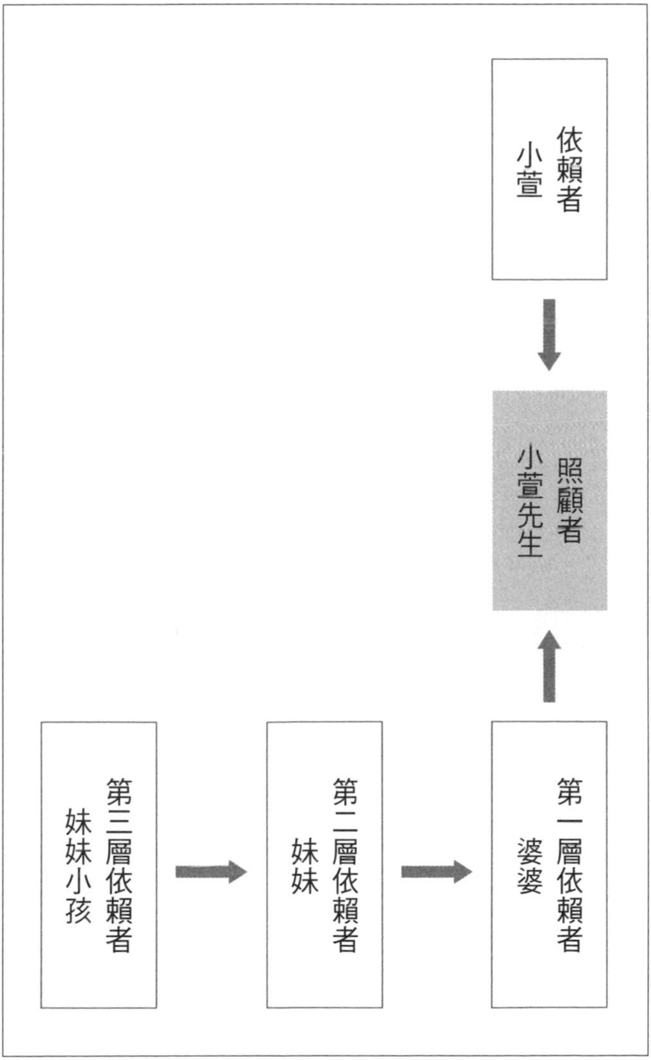
依賴者
小萱
照顧者
小萱先生
第一層依賴者
婆婆
第二層依賴者
妹妹
第三層依賴者
妹妹小孩

2. 自己繪製

指認依賴語言

1. 非此即彼：用絕對的觀點看事情
舉例：「你不幫就沒人可以幫了！」

2. 以偏概全：把一件事當成一輩子
舉例：「你不幫，她這輩子就完了！」

3. 誇大或淡化：不成比例的把事情誇大
舉例：「他會被黑道追殺，你知道嗎？」

4. 應該：使用「應該」、「不應該」評論你
舉例：「家人本來就不應該計較那麼多！」
「自己人應該幫自己人」

5. 貼標籤：直接論斷
舉例：「你不幫，就是不孝！」

6. 自責或責備他人
舉例：「都是當媽媽的無能！」

自我覺察

當我們面對一個困難的問題，通常會有一種感慨：「知道是一回事，感覺是另一回事」，總之，「做不到」而已。

《薄伽梵歌》提到，當我們「知道」，但「做不到」，是因為靠著「理智」，我們無法說服自己。

理智，能告訴我們，什麼「該做」，什麼「不該做」；但「覺知」，能告訴我們，我們「做了什麼」，我們「什麼沒做」，就像後退一步，把自己看清楚。人一旦能把自己看清楚，就能激發控制力，不再順著情緒，做所有「做不到的事情」。

比如說，小萱婆婆下跪時，她的眼眶睜大、臉頰發熱、心跳變快，壓力陡然上升。順著這種情緒，小萱本來會哭，會難受，會覺得丟臉，而且在腦子裡，浮現「天哪！我真是爛透了！」「天哪！太丟臉了！」「天哪！我真是壞媳婦！」……這類自我批評的聲音。在這種聲音下，小萱變得軟弱。她開始懷疑自己，違背真實心意，草率背起債務，再反覆懊悔，讓自己煩惱。

但是，如果小萱「退一步」，在大腦裡「觀察」自己、「監視」自己，快速地調撥「照顧—依賴」網路，指認家庭的依賴關係，認出婆婆「勒索型語言」、「勒索型動作」……她的大腦，這時才會出現「啊哈！原來如此！」「啊哈！她又來了！」的聲音。

這樣的聲音，會瞬間解除小萱的重擔。這個過程，就像一只烏龜，在遇到危險時，將四肢和臉往內縮，把心思收攝回來，回到核心。

一個看清全貌、理解全貌的人，能變得穩定，變得理智，在關鍵時刻，帶著信心，控制自己，說出真話，讓自己自由。

相信我，只有能自我覺察，才能拯救自己；只有自我覺察的人，才能做出改變，擁有彈性。

第5章

金錢義務：設定「給予的限度」

我媽媽說起黃總，總是唉聲嘆氣。

黃總家的鴨脖子，勁辣酸爽、遠近馳名。媽在菜市場裡，狂啃鴨脖，暢聊是非，和黃總的媽媽，聊著聊著，聊出了真心；她倆心有靈犀，情比金堅，成了彼此的好閨蜜。

幾十年來，媽媽看著黃總長大，滿是感慨——如果中華民國頒發「十大頹廢青年」，黃總保證勇奪第一——他高中讀了四年，勉強畢業。畢業之後，重考兩次，考上一所學費極高、地點極偏、學生極少的大學，再讀兩年，延畢兩年，沒有畢業。

肄業的黃總，人生越走越偏。

二十五歲的他躲在家裡，讓媽媽煮飯給他吃、幫他繳健保費、電話費、買摩托車、換手機、領著媽媽的零用錢，繭居四年。

四年裡，黃總的公仔越集越多、寶物越換越貴，卻不停打零工、不停換零工，沒有儲蓄，沒有女朋友，成了「心智凍齡」、「楚楚可憐」的「老少年」，在餘下的人生裡，製造苦果……

黃總二十八歲，和賣魚的阿蓮同居，生下女兒小萍。小萍又乾又癟、又矮又瘦；

七、八歲時，就在菜市場賣魚，幫媽媽刮魚鱗、批貨，成熟懂事、逆來順受。

小萍高中讀夜校，白天發傳單、端盤子，一個月一萬兩千元的收入，被黃總強迫上繳，提領一空；小萍敢怒不敢言，走路越來越低著頭。

黃總說，小萍年紀太小，存不住錢；他幫小萍「投資」，「用錢滾錢」——這些鬼話，連鬼聽了都倒著走——大家都知道，黃總拿小萍的錢玩權證、玩當沖；偶被強平斷頭，他雙手一攤，臉色沉重，回家蜷在被窩裡，療傷止痛；家裡的伙食費、電費、網路費，全靠小萍張羅。

小萍的帳戶裡，總是只剩零頭。她自告奮勇、逆來順受，黃總卻像個黑洞——不繳電費、不繳健保費、不繳保險費，讓女兒「看頭顧尾」、「把屎把尿」，焦慮地放不開手。小萍成了爸爸的跟班，扛起爸爸的責任，一臉枯萎、沒精打彩、踽踽負重。

「凍齡」的孩子成年之後，沒有變得成熟。他們隨性地結婚，隨意地懷孕；潦草地扶養孩子，再迫不及待地，把照顧自己的責任，從父母身上，騰挪到孩子身上，完成

「抓交替」的人生戰略，貫徹始終。

在我們身邊，總有各式各樣的「黃總」。他們溫和、善良，有正當的工作，和爸媽住在一起（或住得很近），父慈子孝、和樂融融。

他們的人生，乍看一團和氣，但活得「渾然凍齡」：三十五歲了，從不規劃未來、從不儲蓄退休金，大大咧咧，得過且過。

「凍齡老少年」年輕的時候，不需承擔責任；年長的時候，逃避承擔責任；他們從不負責任的孩子，成為不負責任的父母；再讓善良的孩子，為自己解圍——孩子們孜孜矻矻，為爸爸打工——他們的解脫，全然不見盡頭。

小萍說，爸爸不斷地花她的錢，領她的錢，但總埋怨著、沮喪著，看什麼事都不順眼。她感覺自己乾涸了，感覺自己累了，感覺自己再也做不了更多，卻一點也不敢拒絕。小萍說，她從小到大，從不敢跟爸爸說：「不！」「我不要！」「我不給！」「那不對！」她不敢拒絕，因為她不曾拒絕。

小萍是「凍齡老少年」養出的「麻木順從者」，從小就學會壓抑自己的感覺：小萍小時候，爸爸不讓她參加校外旅行。因為旅行需要旅費，而爸爸捨不得「浪費」。

一聽到不能參加旅行，小萍當場哭了起來。黃總臉色一變，大吼著叫她把「眼淚收回去」，威脅道「我是你爸，又不會害你」，板起臉孔，阻止小萍哭泣。

小萍說，爸爸從不在乎她「想要什麼」？害怕什麼？喜歡什麼？不喜歡什麼？只要她「乖」，要她「安靜」，讓她順從著，當「孝順的女兒」，照顧自己。如果小萍抱怨，或者稍微板起臉，有了情緒，黃總就憤怒起來，大吼起來，在房子裡亂摔東西。

一聽到別人說「不」，黃總的反應就像一個被拿走玩具的兩歲小孩。在他心底，所有人都該重視自己、愛自己、照顧自己，如果別人不順他的意，就是「壞人」，該得到教訓。

孝順的小萍，在長大的過程裡，一路顛顛簸簸。她的朋友評論道，小萍是個「太有責任感」的女兒，開口閉口，都是「爸爸又缺錢了」、「爸爸又請我幫忙了」、「爸爸說……」、「爸爸覺得……」。她的朋友們相信，小萍的夢想，就是「照顧好爸爸」，「讓爸爸開心」而已。連小萍也說，她從沒想過，自己「想要的是什麼？」，自己的「夢想是什麼？」一直以來，她當了「孝順的女兒」，但低眉順目，表情木然，一點也不快樂。

在「凍齡老少年」家庭裡，爸媽教導孩子，要滿足爸媽的需要、照顧爸媽的欲望，阻止孩子談論自己的需求。長期以來，孩子們無法辨認自己的情緒，無法認可自己的需要，感受變得模糊了，生活變得麻木了；沉默著、被動著，讓父母予取予求，但心底深處，卻感到窒息。

小萍承認，自己給爸爸錢，更多是出於害怕，而不是捨不得。小萍說，她怕爸爸生氣，怕家裡氣氛變差，怕親戚朋友，說她「只顧自己」，所以她順從著、壓抑著，感到憂鬱。

小萍問我，她的人生，到底還能不能柳暗花明？我用手掌拖著她的腮，跟她說，一切要靠自己。

事實上，她一直給錢，讓自己不快樂，是她的責任，不是她爸爸的責任。我跟她說，是你沒有設定界線，設定你「給予的邊界」，所以你的爸爸，才能不斷勒索你，讓你越陷越深。

我告訴小萍，要解開這個死結，必須要下定決心——下決心扛起壓力，行動起來。我提醒她，**沒有責任感的父母，是沒有界線感的人**，這樣的父母，要靠孩子鍛鍊——孩子要設出界線，堅守界線，抵抗反擊，教育父母，扶持父母，讓他們學會尊重「別人的界線」——這樣一來，你們的關係，才能真正止「柳暗花明」。

我告訴小萍，我的朋友K，就以一種敏銳、敏捷、果決的姿態，完成了這項練習，扭轉自己的命運。

K的媽媽整日不斷地往廟裡跑，聽經修行。大前年，為了「洗業力」，K的媽媽把五十萬元的現金，全捐給了廟裡，接著每天穿梭廟堂，成了堅定的「修行居士」，以「廟務大志工」自居。

K的媽媽住在家裡，全靠K支付水費、電費、生活費，兩手不沾陽春水，生活全靠K支應。

K除了每個月養家，還付給媽媽五千元的奉養金，而這五千元的奉養金，在媽媽成了「居士」後，顯得不夠「有誠意」。

K的媽媽要求他，要提高每個月的金額——一個月五千元太少，不夠她準備三牲料理——K在此時，非常警醒，他思考之後，開始拉高「限制」。

K的做法，堪稱「孩子的逆襲」。

他和媽媽坐下來，談論自己的怒氣。他毫不保留地，說出自己的感覺、自己的需要、自己的情緒，但他只是談論自己，而不評論媽媽（這很重要）。

接下來，K跟我坦承，他清楚地認識到，自己的媽媽，已然「依賴成性」。他沒有打算改變她，沒有打算責罵她，他仍然「接納媽媽」就是這個樣子。

他不壓抑、也不抱怨，接下來，他開始對媽媽的金援，設定界線。他告訴媽媽：「我只能給你五千元，沒有更多了。」當媽媽大聲抱怨、指責、哭泣、發洩情緒的時候，他只是以同理心，瞭解她為什麼生氣，但完美地控制自己，不發怒，不煩躁，只是重複：「我很遺憾你覺得自己命苦，也瞭解你會覺得我不孝順，我瞭解」。緊接著，他不描述、也不解釋，自己為什麼不提高給媽媽的奉養金。他只是重複著、堅定著，堅持自己要給的金額，毫不動搖。

K告訴我，剛開始，確實需要費點力，頂住媽媽的壓力。但隨著時間過去，媽媽的情緒消退，他發現，媽媽竟然慢慢接受了事實，甚至，反過來對K的生活，變得更加敏感，更加關心。

而K在這個過程裡，一開始承擔了壓力。但撐過之後，他感覺自己和媽媽的關係，變得更放鬆，更自在，沒有委屈，沒有壓力；K照顧了自己，也照顧了媽媽，彼此的結局，就像空中挺腰三圈半，無水花入水一般，完美得分，命中一擊。

K做了什麼？我們仔細分解，不難看見：

1. 他談論自己的怒氣

2. 他辨認父母的類型，接納父母
3. 他對父母進行「界線鍛鍊」

我告訴小萍，為了練習K的劇本，我們必須順著他的做法，進行練習。

談論自己的怒氣

1. 你現在，感覺自己被父母依賴著，壓榨著嗎？你的感覺是什麼？

2. 你的生活，是否因為給出奉養金，而感到難受、有壓力？說出來。

3. 你是否為了錢，跟父母吵架？每次吵架，你的感覺是什麼？

4. 你的父母會關心你的經濟狀況嗎？如果會，你的感覺是什麼？如果不會，你的感覺是什麼？說出來。

這個練習，目的在幫助我們，從「麻木」的狀態，轉向「敏銳」的狀態。

我們必須對自己的需求，更加敏感。而且我們要學著說出來，不壓抑自己的感受。

這是開始跟父母溝通，也是開始跟自己連結。

辨認父母的類型

評量表

1. 我的父母在經濟上，非常依賴我

A 非常不同意　B 不同意　C 還好　D 同意　E 非常同意

2. 父母從來都不擅長處理財務
A 非常不同意　B 不同意　C 還好　D 同意　E 非常同意

3. 父母期望我多給一點家用
A 非常不同意　B 不同意　C 還好　D 同意　E 非常同意

4. 當父母遇到錢的問題，總開口要我幫忙
A 非常不同意　B 不同意　C 還好　D 同意　E 非常同意

5. 有的時候，我就像養孩子似的，養著父母
A 非常不同意　B 不同意　C 還好　D 同意　E 非常同意

6. 我常常犧牲自己，讓父母過得夠好
A 非常不同意　B 不同意　C 還好　D 同意　E 非常同意

7. 我比父母，更關心信用卡帳單上的負債
A 非常不同意　B 不同意　C 還好　D 同意　E 非常同意

8. 從以前開始，父母遇到錢的問題，總是找我
A 非常不同意　B 不同意　C 還好　D 同意　E 非常同意

9. 我總覺得，我比父母在錢的問題上，更負責任
A 非常不同意　B 不同意　C 還好　D 同意　E 非常同意

10. 我周邊的人都認為，我是家裡「養家糊口」的那個人
A 非常不同意　B 不同意　C 還好　D 同意　E 非常同意

計分
A：1分　B：2分　C：3分　D：4分　E：5分

評分
35分以上：標準
28分以上：疑似
20分以上：輕微
20分以下：無

做出這個表格，目的不是要「指責」父母，而是「指認」父母——我們必須認出父母的傾向，然後「接納」他們，不是「推開」他們。

接納，不是「包容」；包容意味著，我們和父母是不同的人，有著不同的情感，不同的理智，所以他們才是「依賴的人」，而我們是「獨立的人」；這不是接納，這是割裂。接納，是一種「連結」。一種對父母的情感、理智，全然相信、全然信任，與我同一的狀態——你必須認清楚，他們跟我們一樣，是理智的、是善良的、是有愛的，只是「扭曲」了，被「錯誤地引導」著，造成了「沒有界線感」、「沒有責任感」，這是他們的「現狀」，而不是「本性」。

接納父母，是重新和父母的內在，產生連結感、信任感。

我們必須認清他的狀態，洞察他的潛力，信任他會改變，他能改變，他在你的引導下，會學得到「界線」——這是我們做練習的最終目的。

界線鍛鍊

在這個練習裡，我們必須學著K的做法，說一次話：

1. 說不

爸爸（媽媽），我不能給這五萬元。

爸爸（媽媽），我不能負擔這筆錢。

爸爸（媽媽），我不能提高你的奉養金。

2. 我瞭解

我瞭解，聽到這些，你現在一定很不舒服。

我瞭解，你一定覺得我很不孝順。

我瞭解，你現在覺得自己命很不好，很苦。

我瞭解，你不開心。

3. 但是

但是，我不能給。
但是，我做不到。
但是，我不行。

4. 不解釋

不必解釋你為什麼不能給，為什麼你做不到。
記住，你不需要對任何人解釋。
你也不要回應任何發問。

人生難題不容易，但要靠自己

在這一章裡，我們從小萍的故事、K的故事，看到兩個劇本，當作借鏡。
人生的問題，不是那麼容易。但人生的難題，要靠我們自己，為自己披荊斬棘。

第6章

金錢性格：一個人花錢的習慣、喜好、品味

每個人，都有自己獨特的氣質。就連剛出生的寶寶，都有性格：有的嬰兒敏感、愛哭；有的嬰兒活潑、愛笑，各個張揚舒展，迥然各異。

我們活著，就像各類種子，發出嫩芽，長成嫩莖；每個人，隨著氣質、經驗和環境，茁壯出不同的性格，做出不同的回應——這就是「性格」；性格，影響了決定；決定，塑造了習慣；習慣，塑造了關係——假如性格不合、習慣不合，會讓人精疲力竭，分崩離析；明桂和先生的現況，就是一個典型：

明桂是個園區的軟體工程師，三十六歲結婚，嫁給四十歲的志傑，彼此都有積蓄。明桂工作壓力大，一直想離職。她花了七、八年，好不容易存下一百萬元的離職準備金，竟然在結婚前，被志傑花得一乾二淨。

志傑拿明桂的一百萬，加上自己的兩百萬元，買了一台特斯拉——他是有品味的人，對好的東西、新的東西，勇於嘗鮮——但這個做法，觸擊了明桂的底線。

明桂是樸素的女孩子，從小孜孜矻矻，生活簡約。她看著未婚夫追求高級、追求品味，心裡七上八下，很不是滋味。於是掙扎著，煎熬著，最終大吵一架，解除婚約。

明桂跟志傑，對於生活品質、理財方式，有完全不同的見解。明桂重視安全感；志傑重視品味；他們還沒踏入婚姻，就已經磕磕碰碰、糾糾結結。這種處境，我能體會。

年輕的時候，我有二十八雙鞋、四十五件T恤、六十條裙子、一百四十二件上衣；鞋盒砌起了整個牆面。牆面下，散落著皮帶、包包、髮帶、內衣……像動物園「蛇類展示區」的蛇，一捲一捲，蜷曲地到處都是。

我先生的衣櫥裡，卻乾淨地像豆腐店。一件內衣穿上十五年，沒有破洞就不會扔；一件外套掛著二十年，袖口都磨到起毛了，他也不在乎，我總挑剔他，看他不順眼。

我會說：「你不要穿這麼破好不好，我覺得很難看！」或說：「你頭髮能不能找個厲害一點的設計師剪啊？怎麼剪得這麼醜！」「你搞什麼呀！鞋子可不可以換一下？看起來很舊耶！」

我先生則是說：「欸，你不是有一件跟這個很像的嗎？」或說：「為什麼要吃外面，我們回家自己煮不好嗎？」有時話講得比較重，就會說：「你再這樣子買，我們會存不住錢！」

我們的「金錢性格」，從結婚開始，就從未「和諧」。

金錢性格的兩種類型

「金錢性格」是什麼？「金錢性格」是指一個人習慣、喜好、品味的總合；那是一個人「花錢的特徵」，通常能分為兩個類型：

一是節省型，二是享受型。「享受型」的人，喜歡買漂亮的東西、住漂亮的房子、買最新的手機、效能最好的電腦……住得差一點，吃得差一點，會讓他感到不舒服——我和志傑，就是這種類型。

相反地，「節省型」的人，相信「勤儉是美德」，即使穿得舊一點、吃得簡單一點，也是甘之如飴——我先生和明桂，就是這種類型。

而「節省型」和「享受型」的人，配對在一起，會出現三種組合：

妻＼夫	節省型	享受型
節省型	節省型＋節省型	享受型＋節省型
享受型	節省型＋享受型	享受型＋享受型

這三種組合，各有各的挑戰，各有各的問題。

三種金錢性格的關係組合

節省型＋節省型：標準的「鐵公雞」

朋友M跟太太S，是標準的「鐵公雞」。

M住在上海，夏天酷熱、冬天酷寒，但M夏天不開冷氣，冬天不開暖氣；熱了就光著上身，打開窗戶，睡在地板；冷了就包著棉被，束著腰，煮飯炒菜。

S面對先生行徑，不但沒有抱怨，甚至精益求精：她會花五個小時，做一塊蘿蔔糕，再花四個小時，擦洗自己的汽車；淋浴後的髒水，放滿在浴缸裡，隔天拿來沖馬桶、洗地板；晚上只開一盞燈，為了省電……種種行徑，讓人驚嘆。

M的兒子十六歲，從上高中開始，逐漸對父母不滿。他覺得爸媽省錢省過了頭，讓他備感壓力。他目睹父母互相指責，批評對方亂花錢；他更感到壓抑，感到無力，常徘徊著不回家，拒絕和父母溝通。

M和S最終省了錢，卻疏遠了兒子。

節省型＋享受型：標準的「左右走」

朋友D跟女朋友B，是標準的「左右走」——一個向左走，一個向右走——性格大大不同。

D對3C產品熱情如火。他的薪水，七〇％拿來買電腦、手機、遊戲、螢幕、音響……幾乎一毛不剩，沒有積蓄。

B是實習老師，薪水很不穩定。她總憂心忡忡、未雨綢繆，存下一筆又一筆定存，讓自己安心。

B和D交往五年，始終論及婚嫁，但沒有執行。B開始懷疑，D是不是只顧眼前、不負責任，不足以託付終身？D則感覺，B很無趣、很小家子氣，和她相處，總覺得越來越不自在、越來越不愉快。

D和B的愛情，眼看越來越淡，婚期遙遙無期。

享受型＋享受型：標準的「月光族」

朋友W跟男友V，是標準的「月光族」，以債養債，成了卡奴。

W有三個愛馬仕包，四十雙 Jimmy Choo，偏愛 MIKIMOTO 的珍珠——一個月四萬八千元的薪水，扣掉房租、吃飯，全買了高級品。

V在商場裡，開了間二手包專賣店。他的生意不好，但眼光很高。V一年到巴黎兩次、米蘭三次；所有旅費、進貨費、囤貨倉儲費，侵蝕了V的利潤，幾年下來，顆粒無收，以債養債，存不住錢。

V的爸爸，最近常住院。V湊不出病房費，W借不出病房費；兩人困坐愁城，心情沮喪，於是互相指責，評論對方無能。

沒有成就感的生活，讓他們奄奄一息，互相推諉。

金錢性格測驗——你是哪種組合？

你對現在的生活狀態（生活環境、旅遊計畫、休閒娛樂），有什麼感想？

我	伴侶	
□	□	非常滿意，我什麼都不缺。
□	□	滿意。沒什麼好抱怨的。
□	□	不滿意，我只是忍耐而已。
□	□	非常不滿意。我不喜歡現在的生活。

你曾經抱怨過嗎？

我會批評另一半太會花錢。 □會 □偶爾會 □不會

另一半批評我太會花錢。 □會 □偶爾會 □不會

你是什麼金錢性格？

我需要奢侈品才會舒服。 □是 □不是

我堅持買高品質的產品。 □是 □不是

外表打扮得體很重要。 □是 □不是

約會時，我常常讓人等我。 □是 □不是

檢查你有幾個「不是」：
兩個及以下：享受型
三個及以上：節省型。

你們是什麼性格組合？請打勾
□節省型＋節省型
□節省型＋享受型
□享受型＋享受型

三種組合常出現的問題

節省型＋節省型：失去人生樂趣

表面上，節省型＋節省型的組合，吃得簡簡單單、穿得樸樸素素、不旅行、不買包，理應平平淡淡，和和諧諧；但實際狀況，卻不是這麼回事。

節省型的人，容易累積壓力，也對其他家人，造成壓力——他們像高中穿著制服的教官，嚴以律己，嚴以待人，讓所有人感到壓抑。

在節省型+節省型的家庭裡，孩子們不得不穿舊衣、拿舊手機、開舊車、吃剩菜剩飯，失去許多人生樂趣；他們重複索然無味的生活，孜孜矻矻，為一個「一切從簡」的原則而堅持著，始終不放鬆。

這樣的家庭，讓所有人都失去能量，悶悶不樂。

節省型＋享受型：爭吵不斷

節省型和享受型的組合，徹底「三觀不合」。

節省型的人重視安全感；享受型的人重視生活品質；兩個人相處起來，往往指責不斷：一邊嫌對方「只顧眼前」、「太過浪漫」；一邊嫌對方「太小氣」、「生活無趣」……彼此都不舒服，也不讓步，只覺得對方很難溝通。

節省型＋享受型的家庭，如果溝通不良，容易失去平衡，爭吵不斷。

享受型＋享受型：卡奴候選人

享受型＋享受型的組合，是挑剔的藝術家，重視生活品質，眼光凌厲，品味獨特，絕不妥協。

他們意志堅定，但危機四伏。如果沒有危機意識，往往成為卡奴、欠下巨債，成為家人的負擔。

各組合問題的解法

節省型＋節省型：戒除「不合理」的省錢習慣

解決這個組合的問題，關鍵在戒除「不合理」的省錢習慣，合理安排自己的資源。

有些省錢方法已經不合時宜，雖然看起來可以省錢，往往事倍功半、拖沓浪費，更為低效。

要測試省錢的方法，到底有沒有效益，首先要把時間換成錢，計算你自己洗車、自己煮飯、開舊車、不換電腦……這類行為的價值。

只有在計算每單位收入後，你才能看出，自己洗車、打蠟，是不是一件很划算、很省錢的事情？還是能把同樣的時間，花在別的事情上，讓自己增進生活品質，變得更緊密、更快樂？

接下來的幾個做法，你可以試試看：

1. 列舉你省錢的做法

行為	做法	花費時間
自己洗車、打蠟	買了抹布、水槍、把汽車挪動到空曠地方。	八小時／週
搜尋特價品	四處蒐集廣告，剪下優惠券，移動到店面。	六小時／週

2. 選中其中一個，進行分析

這些都是你做過的省錢方法，但是划不划算呢？

你有沒有想過，如果你把洗車的時間，拿去跟孩子打球、陪太太聊天，甚至健身、運動，讓自己變得更有精神，更健康，是不是更划算呢？

接下來，你可以根據每一個省錢方法，計算你省下的錢，並且計算時薪。用這種方式，你能清楚看到，自己到底檢討一下，用這個方式，到底划不划算：

(1) 省錢的方法：自己洗車打蠟
(2) 省了多少錢？兩百元／次，一週兩次，共四百元
(3) 花了多少時間？八小時
(4) 換算成時薪：四百除以八，等於一小時五十
(5) 時薪五十元，你滿意嗎？
(6) 如果不滿意，你能把洗車的時間，拿來做其他什麼事？
增加我的金錢：我可以讀一本財務金融的書

豐富我的體驗：我可以參加登山社，每週爬山
提升我的人際關係：我可以陪兒子打球、陪女兒看電影

自己做一遍：

(1) 省錢的方法：
(2) 省了多少錢？
(3) 花了多少時間？
(4) 換算成時薪：　　　　／小時
(5) 時薪　　　　元，你滿意嗎？
(6) 如果不滿意，你能把洗車的時間，拿來做其他什麼事？
增加我的金錢：
豐富我的體驗：
提升我的人際關係：

節省型＋享受型：價值觀沒有對錯，但溝通很重要

節省型＋享受型的家庭，有著截然不同的價值觀。價值觀沒有對錯，但是溝通就非常重要。

這個類型的伴侶，需要謹慎地處理差異，常常溝通、彼此討論，找出各自性格的源頭，互相理解，同時謹慎發言。下面是對話圖示，給你做個參考：

1. 聆聽 VS. 拒絕

聆聽

妻：我覺得要談一談現在家裡的經濟狀況。

夫：嗯。你說吧。我聽。

拒絕

妻：我覺得要談一談現在家裡的經濟狀況。

夫：喔……又來了，有什麼好談的？又怎麼了？

2. 描述情緒 VS. 責備、謾罵、威脅

描述情緒

妻：我覺得最近現金有點緊，不知道怎麼回事。想找你問問看。

夫：感覺你有點擔心？你是不是覺得，帳有點亂，不知道錢花到哪裡去了？我理解你的感覺，我也有點擔心。

責備、謾罵、威脅

妻：我覺得最近現金有點緊，不知道怎麼回事。想找你問問看。

夫：你不要怪到我頭上喔！

我該花的錢都花，不該花的錢不花，我不會亂買東西！（責備）

錢都你管的，怎麼管得亂七八糟的？你有那麼笨嗎？（謾罵）

再不弄清楚，我們一起去住天橋下好了啊！（威脅）

3. 描述問題 VS. 命令、控訴、諷刺、詛咒

描述問題

妻：我已經一個月沒記帳了，買的股票也沒關心，很久沒有整理報表，完全不知道一年能存多少錢，只覺得戶頭的錢一直減少，有點怪怪的。我怕年輕沒存住錢，將來不知道怎麼辦。

夫：聽起來，你因為帳目不清楚，現金減少，有點擔心未來是嗎？

命令、控訴、諷刺、詛咒

妻：我已經一個月沒記帳了，買的股票也沒關心，很久沒有整理報表，完全不知道一年能存多少錢，只覺得戶頭的錢一直減少，有點怪怪的。我怕年輕沒存住錢，將來不知道怎麼辦。

夫：馬上把帳算清楚！快一點啊！（命令）

你看到我工作有多累嗎？你還要我管帳？你有沒有良心？（控訴）

好啦！每天吃飽睡，睡飽吃啦！當家庭主婦，妳好棒啦！（諷刺）

管個帳都能管成這樣，其他也不用指望了啦！（詛咒）

類似這種對話，能對照出各種情境。請這類型的人，注意溝通技巧，不要讓語言，成為破壞信任感、破壞關係的機關槍，讓愛的流動持續。

另外，我有一個特別建議：

我建議這個類型的伴侶，要能坐下來，訂出協議：比如享受型的人，要提出「一個月外食幾次？」「一年旅行幾次？」「一年買個幾個包包？」這類問題，伴侶一起寫下來，變成「共識」。

我承諾，一年旅行（　　　　）次，花費不超過（　　　　）元。
我承諾，一年買包（　　　　）個，花費不超過（　　　　）元。
我承諾，一年買保養品，花費不超過（　　　　）元。

每一年發生爭執時，再把「共識」拿出來，一起對應。類似這種做法，能把衝突，降到最低。

享受型＋享受型：需要正視自己的問題

這個類型的組合，往往過度樂觀，缺乏危機意識，累積許多問題。為了處理這些危機，我們應當帶領自己，正視問題。

首先，請作答：

□是　□否　你們的儲蓄是否持續減少，債務持續增加，長達一年以上？
□是　□否　這並非我們預料到的，我們也不知道該怎麼做才能改善情況。

如果兩題答案，都是「是」，那就表示你們的財務狀況可能並不樂觀。再放任下去，只會越來越糟，拖垮家庭。

接下來，請回想過去一年裡，你買過最貴的東西，畫在下頁的表格裡，然後回答接下來的問題：

價格：　　　元

工作：　　　小時

1. 你月薪多少錢？（　　　）元
2. 你一個月工作多少天？（　　　）天
3. 你的日薪多少錢？（　　　）元
4. 你一天工作幾個小時？（　　　）小時
5. 你時薪是多少？（　　　）元
6. 真的嗎？（把你為工作而通勤、按摩、報復性旅行、發洩的時間也算進去）

1 2 3 4 5 6 7 8 9 10 11 12
1 2 3 4 5 6 7 8 9 10 11 12

7. 你一天工作幾個小時？（　　　）小時
8. 你真正的時薪是多少？（　　　）元
9. 把你總共要花多少小時，才能買到這樣東西的時間，填上去。

價格：　　　　元

工作：　　　　小時

這個練習是為了讓你認識到，你要花多少個小時，才能買到你現在身上這個最貴的東西。這樣能幫助你理解金錢、重視金錢。其實你買的每樣東西，都是花掉了你的生命與活力得來的。你得想清楚，為這一樣東西，付出了這麼多時間，到底值不值？

其次，請整理你家的財務報表，估算每個月開支（見圖表3-1）。

你們仔細想想，自己能減少哪幾項支出？省下哪些錢？

可以省的項目	金額

圖表 3-1　每月收支圖表樣本

月份：＿＿＿＿＿＿＿＿

支出	金額	支出	金額
食		醫療	
早餐		診療費	
中餐		藥品	
晚餐		保健食品	
宵夜		娛樂	
飲料		電視／電玩	
住		線上影音／電影	
房租		嗜好	
水電瓦斯費		酒類	
旅館		行	
網路費		油錢	
手機通訊費		維修	
家具		大眾運輸	
電器		停車	
衣		其他	
治裝費			
剪髮			
化妝保養品			

收入	金額	收入	金額
薪水		利息	
獎金／小費		中獎	

支出總和＿＿＿＿＿＿＿＿

收入總和＿＿＿＿＿＿＿＿

收入－支出（存款）＿＿＿＿＿＿＿＿

然後，給自己一個目標：

我每個月要省（　　　）元，然後夫妻倆一起簽名

在這個類型，你能做的，就是面對問題，處理問題，保持理性。

切記，性格人人不同，解法各自迥異。

只要理解自己、懷抱虛心，就能逐步向上，平衡人生。

第7章

金錢藍圖：有步驟、有階段的「預想」

最近，宜臻忙著離婚。

宜臻在結婚以前，每年出國兩次，偶爾去住民宿——她在飯店工作，喜歡四處旅遊，非常活潑。

宜臻的爸爸是成功的商人，她是老么，從小不缺錢。但三十五歲結婚之後，一切都變了。

宜臻的先生是台南人，勤勞誠懇、體貼溫柔。交往的過程，宜臻像個公主，備受呵護。先生吃苦耐勞，擦地、煮飯、洗衣、洗碗，樣樣精通，宜臻被照顧著、被呵護著，滿是幸福。

一年前，宜臻懷孕了。他們結婚，買了新房，就在幸福的時刻，衝突悄然昇高：

宜臻發現，先生堅持在家煮飯，餐餐煮、餐餐洗，有剩菜剩飯，一律囤著再熱，吃到見底。

其次，宜臻發現，她再也不能外宿，因為民宿貴，而且不安全，所以先生錙銖必較、謹慎花錢，每一筆支出，都被駁回。

最難以忍受的是，先生每晚翻她的錢包，拉出發票，檢查每一項標價。她自認不是犯人，哪能忍受監控？於是大吵一架，搬回娘家，再也不回頭。

在咖啡廳裡，宜臻哭得肩膀直抖。她描述先生批評她「不會想」、「不懂事」，他拍著桌子，要宜臻「忍耐幾年，等儲蓄險還清、房貸還完，日子會慢慢好過。」

宜臻理解先生的苦衷——有個患小兒麻痺症的弟弟，爸爸種田，媽媽幫傭。她能體諒先生錙銖必較、謹小慎微的態度，但完全不能接受「年輕時吃苦，年老時享福」、「守得雲開見月明」的人生藍圖。

宜臻說：「不能上館子，不能看電影，有錢也不能買東西，一定要存到銀行去？我什麼時候才能好好過日子？棺材裡裝的不是老人，是死人。如果我五十歲就走了，存這麼多錢幹什麼？我到底結這個婚，要幹什麼？」

她不相信人生該綁手綁腳、得過且過。她認為，婚前要過得好，婚後也要過得好；年輕時要過得好，年紀大了，也要過得好。那種「守得雲開見月明」的人生，她不要；那種「願景不一」的婚姻，她不要；於是她堅持離婚，絕不回頭。

一場「藍圖之爭」，最終成了爆燃的導火線。

對於金錢狀態的預想，每個人都不同

「藍圖」是對某個事物的「預見」跟「想像」，那是一種有「步驟」、有「階段」的「預想」，各式各樣，每個人都不一樣。

當我們請一個二十歲的年輕人「預想」自己的「人生藍圖」，他會想像自己二十歲的樣子；三十歲的樣子；四十歲的樣子，然後八十歲、九十歲的樣子……他像拼圖一樣，預想自己的生活、拼湊自己的模樣、投射自己的渴望，最終連接起來，變成一串人生圖像——這個過程，跟一個人預想「金錢藍圖」的過程，一模一樣。

人生藍圖，是「人生狀態」的預想；金錢藍圖，是「金錢狀態」的預想。

宜臻的先生很省。他從小吃苦，不注重享受，長大之後，繼續節制地生活，毫不注重享受，很容易滿足。

如果請宜臻的先生，「預想」自己的「金錢藍圖」。他很可能會認為，人年輕的時候要省、結婚的時候要省、年紀大了，還是要省。人只有六十歲了，責任盡了，才能倒吃甘蔗，平淡度日。他的金錢藍圖，如果畫成一張表，是圖表 7-1 的樣子。

但宜臻卻不一樣了。她爸爸是小老闆，經營板模工廠，家裡住著小透天，每年出國旅行，每週出外聚餐，從小舒適安逸。在她的預想裡，自己的人生應當一帆風順，即使結了婚，還是可以出國旅行，買一些喜歡的東西，過得舒舒服服，沒有煩惱，直到年紀大了，也平平穩穩，不需要縮衣節食。沒想到三十五歲結婚之後，竟然發生巨大的變化。

她的金錢藍圖，如果畫成一張表，會圖表 7-2 的樣子。

對照一看，宜臻夫妻倆的「金錢藍圖」，完全無法重疊（見圖表 7-3）。

宜臻和先生的金錢藍圖，為什麼這麼不同？最主要的原因，還是過去的經歷不同。

宜臻的先生花錢謹慎。從小，他的書包、課本、制服，都是舊的；父母非常節儉，也鼓勵兒子不要修飾自己、注重享樂。奮鬥三十年後，宜臻的公公婆婆還清房貸、存

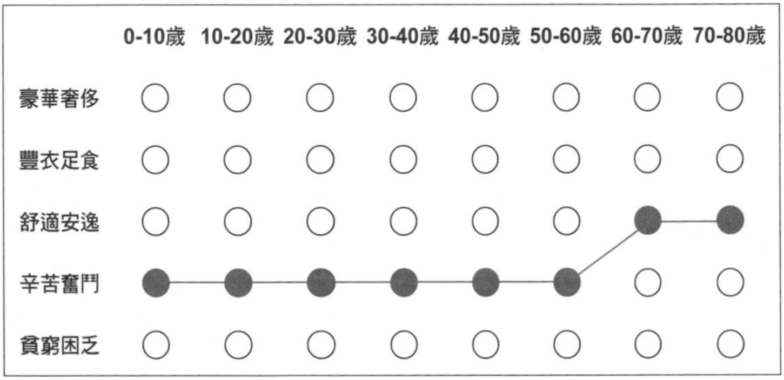

▲ 圖表 7-1　宜臻丈夫的金錢藍圖。

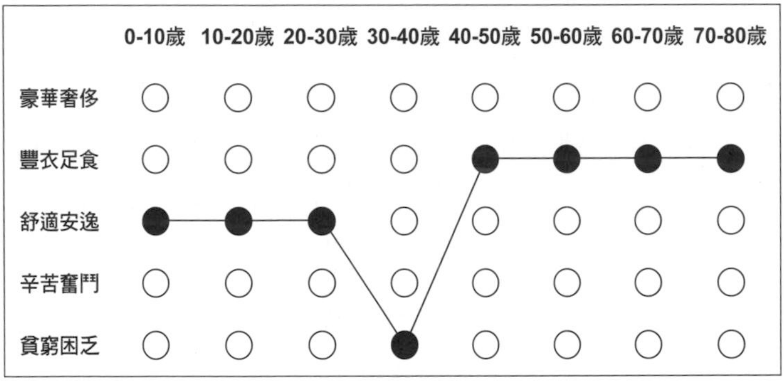

▲ 圖表 7-2　宜臻的金錢藍圖。

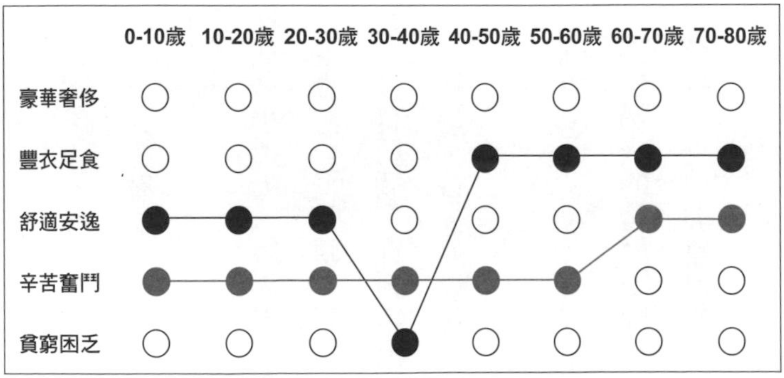

▲ 圖表 7-3　宜臻夫妻的金錢藍圖
（宜臻是黑點／先生是色點）。

下幾百萬的現金，生活簡樸平順。宜臻的先生大學畢業，努力工作、認真存錢，積極地投資，未雨綢繆。

宜臻是老么，她出生時，父母已經四十歲了，工廠生意穩定，存下許多積蓄。結婚前，宜臻住在家裡，幫爸爸的跑跑腿、打打雜，不需要儲蓄、不費心去投資，雖然只有一份兼職，但在父母庇蔭下，日子輕鬆愜意。

結婚後，宜臻的先生存錢、省錢、持續投資，但宜臻卻感到壓抑。她不能隨心所欲、無憂無慮，她必須克制自己、監視自己，在承受壓力，為錢吵架時，她感到絕望，感到沮喪，在繪製「金錢藍圖」時，很直覺地把結婚時的「三十到四十歲」階段，劃在谷底（見圖表 7-4）。

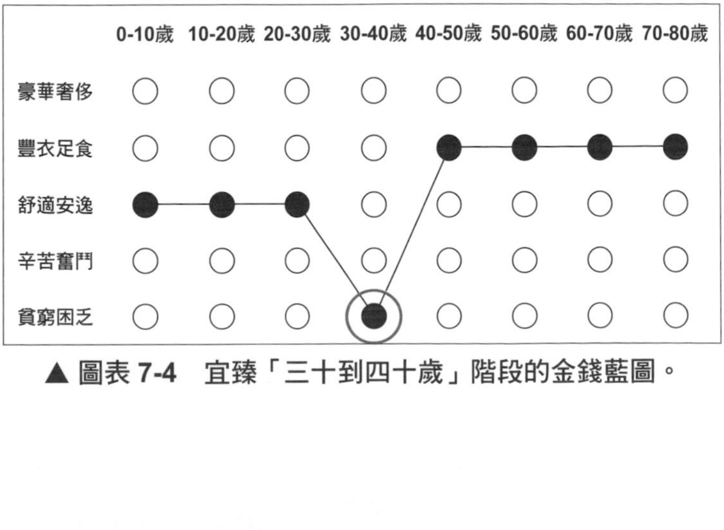

▲ 圖表 7-4　宜臻「三十到四十歲」階段的金錢藍圖。

而宜臻的先生，卻把同一個時間點，畫在「辛苦奮鬥」狀態裡（見圖表7-5）。

我的天，宜臻先生認為的「辛苦奮鬥」，對宜臻而言，根本是「貧窮匱乏」的地獄。他們夫妻倆對現狀的認知，根本不一致；甚至對未來的期待，也完全不一致——宜臻期待未來「豐衣足食」，先生卻期待「舒適安逸」——這種歧異，足以讓夫妻離異。

我們該怎麼做

人的大腦，就像電腦硬碟，我們獨特的經驗、知識，就像在硬碟裡灌入的「軟體」，一旦啟動、連

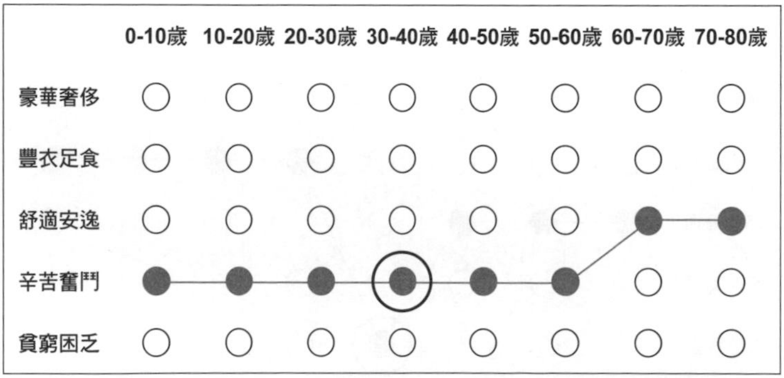

▲ 圖表 7-5　宜臻丈夫「三十到四十歲」階段的金錢藍圖。

結，就開始運算、執行；所有與它「不相容」的軟體，都會被過濾。宜臻和先生，就是遇上了「軟體屏蔽」，大腦當機；要恢復功能，只能修改軟體，進入「兼容模式」。

共同修改藍圖的升級指引

我在協助宜臻夫妻的過程中，請她們接納自己。任何人的經驗都不是錯的，也不是壞的，只有彼此理解，互相澄清，才能共同「升級軟體」、「修改藍圖」，恢復功能，趨向同心。

接下來是我從強納森．瑞奇的書中，得出的「升級指引」：

回想父母，是怎麼花錢、存錢的？

1. 先生

2. 太太

從對方的花錢、存錢習慣中，找到可取之處，誇獎他（她）

1. 先生誇獎太太

2. 太太誇獎先生

從對方的花錢、存錢習慣中，找到需要改的地方，提醒他

1. 先生提醒太太

2. 太太提醒先生

談談你對現在生活的評價，想想你滿不滿意？

1. 你說

2. 他說

談談你對未來生活的渴望，想想你為什麼會有這種渴望？

1. 你說

2. 他說

繪製彼此的「金錢藍圖」

提示：依照自己狀況，先將圈圈塗色，再將各個圈連成一條線。

1. 先生

	0-10歲	10-20歲	20-30歲	30-40歲	40-50歲	50-60歲	60-70歲	70-80歲
豪華奢侈	○	○	○	○	○	○	○	○
豐衣足食	○	○	○	○	○	○	○	○
舒適安逸	○	○	○	○	○	○	○	○
辛苦奮鬥	○	○	○	○	○	○	○	○
貧窮困乏	○	○	○	○	○	○	○	○

▲ 圖表 7-6　繪製先生的金錢藍圖。

2. 太太

	0-10歲	10-20歲	20-30歲	30-40歲	40-50歲	50-60歲	60-70歲	70-80歲
豪華奢侈	○	○	○	○	○	○	○	○
豐衣足食	○	○	○	○	○	○	○	○
舒適安逸	○	○	○	○	○	○	○	○
辛苦奮鬥	○	○	○	○	○	○	○	○
貧窮困乏	○	○	○	○	○	○	○	○

▲ 圖表 7-7　繪製太太的金錢藍圖。

對照彼此的金錢藍圖，整合在一張圖裡

	0-10歲	10-20歲	20-30歲	30-40歲	40-50歲	50-60歲	60-70歲	70-80歲
豪華奢侈	○	○	○	○	○	○	○	○
豐衣足食	○	○	○	○	○	○	○	○
舒適安逸	○	○	○	○	○	○	○	○
辛苦奮鬥	○	○	○	○	○	○	○	○
貧窮困乏	○	○	○	○	○	○	○	○

▲ 圖表 7-8　整合雙方的金錢藍圖。

你們的金錢藍圖一致嗎？

和另一半討論，如何修正金錢藍圖，讓藍圖路線趨向一致。

以我為例，我和先生的做法

回想父母，是怎麼花錢、存錢的？你有沒有受到影響？

1. 先生

- 我家裡務農，媽媽非常節省，很少外食，都自己煮飯。
- 我爸爸非常節省，非常勤勞，一件衣服穿十幾年，一雙鞋子，破了也捨不得扔掉。
- 我長大之後，很少買東西給自己。
- 我也很勤勞、很節省，很喜歡在家裡煮飯，不重視享受。

2. 太太

- 我家裡不是很有錢，但是媽媽做生意，現金來得快，花錢很隨性。
- 爸爸對投資，一向不關心。他對自己花了多少錢，剩下多少錢，沒有概念。

- 我父母都非常勤勞。努力賺錢，努力花錢，沒有預算概念。
- 長大之後，我跟父母一樣，勤勞、隨性，對投資沒有概念，也不關心。

從對方的花錢、存錢習慣中，找到可取之處，誇獎他

1. 先生誇獎太太

- 謝謝妳會買裝飾品，把家裡佈置得很美麗。
- 謝謝妳會花錢在旅行、培訓、買書上，讓我的生活變得很豐富、很有趣。
- 謝謝妳花錢讓孩子學畫，讓他們有美感。

2. 太太誇獎先生

- 謝謝你欲望簡單，生活樸素，不亂花錢。
- 謝謝你檢查東西有沒有吃完、有沒有浪費，提醒我們注意。
- 謝謝你沒有抽菸、玩電子遊戲、蒐集模型的習慣，讓我們省下很多錢。

從對方的花錢、存錢習慣中，找到需要改的地方，提醒他

1. 先生提醒太太

- 妳的金錢目標訂的有點高，讓我感到有壓力。
- 妳偶爾還是會亂買東西。
- 妳花錢總有理由，但理由往往來自心情。

2. 太太提醒先生

- 能不能買點好看的衣服？穿十幾年的襯衫，都成梅乾菜了。
- 跟你逛街，聽你念「這不需要」、「買這幹麼？」讓我想一頭撞死。
- 人要有野心，有夢想。在賺錢這件事上，只圖平平順順，那有什麼意思？

談談你對現在生活的評價，想想你滿不滿意？

1. 他說

- 我現在什麼都不缺，我很滿意。

2. 我說

- 我覺得現在很富足。
- 我在想，也許現金流再高一些、學費負擔再少一些，我會感覺更寬裕。

談談你對未來生活的渴望，想想你為什麼會有這種渴望？

1. 他說

- 人活到老，夠用就好。
- 我沒有太多欲望，也沒有太多野心。全家人平平安安，開心就好。

- 我覺得現在就很好。一直維持這樣就很好。
- 如果年紀大了，錢少一些，我也能適應。

2. 我說

- 我渴望年紀更大，能有更多收入，更不需要擔心錢。
- 我現在可以節制地過日子，但是未來想要四處旅行，有錢有閒。
- 我渴望老了之後，能活得比現在更精緻。

繪製彼此的「金錢藍圖」

提示：依照自己狀況，先將圈圈塗色，再將各個圈連成一條線。

1. 先生

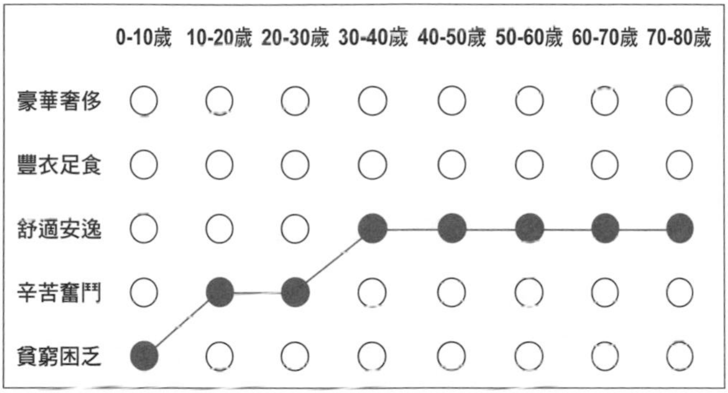

▲ 圖表 7-9　我先生的金錢藍圖。

2. 太太

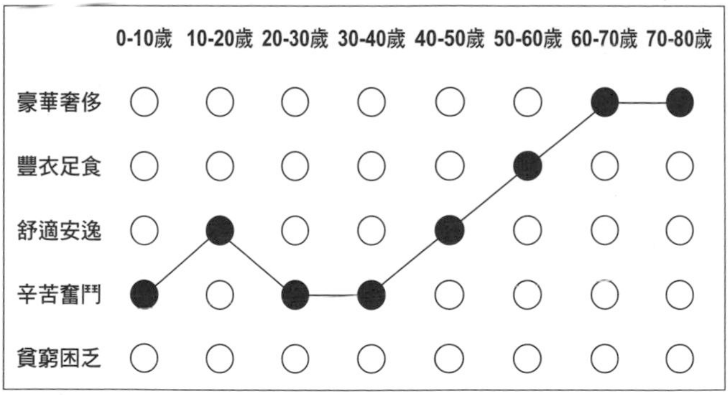

▲ 圖表 7-10　我的金錢藍圖。

對照彼此的金錢藍圖，整合在一張圖裡

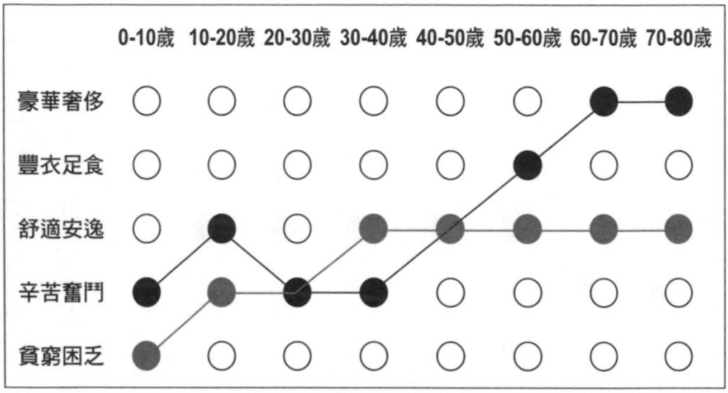

▲ **圖表 7-11　整合我和先生的金錢藍圖**
（我的是黑點）。

畫出金錢藍圖時，我非常驚訝。從藍圖看來，我和先生這些年累積的衝突，看得清清楚楚。

我先生從小吃苦耐勞，他和宜臻的先生一樣，覺得年輕時省著過沒什麼，只要等到五、六十歲以後，老了，孩子大了，慢慢就會變好了。而我小的時候，家境不好，但到了二十出頭，媽媽生意穩定，我當時的狀態是不匱乏、是富足的、隨性的；我以為結婚之後，我能維持現狀，甚至過得更好，累積得更快，年紀大了，再變得非常富裕……我腦中的金錢藍圖，是這麼繪製的。

有趣的是，從藍圖看來，我的經濟狀況，在結婚之後（二十到三十歲）是突然下墜；我被迫接受一筆債務，現金流吃緊、收入沒有提高，過得非常壓抑，改變比較劇烈（見圖表7-12）。

但同一個時期，從先生的金錢藍圖看來，他的起伏，就平穩得多（見圖表7-13）。難怪那個時期，他的反應沒有那麼劇烈，抗拒感也沒有那麼高，我恍然大悟。

更有趣的是，我發現，我和先生，對未來的期望落差很大（見圖表7-14）。

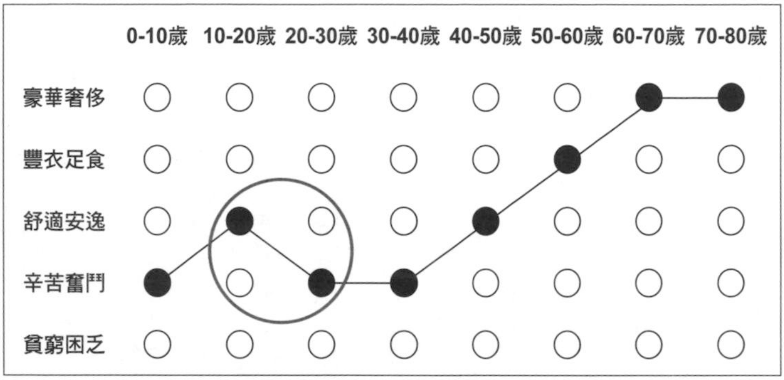

▲ 圖表 7-12　圓圈處，即背負大伯卡債的時間點。

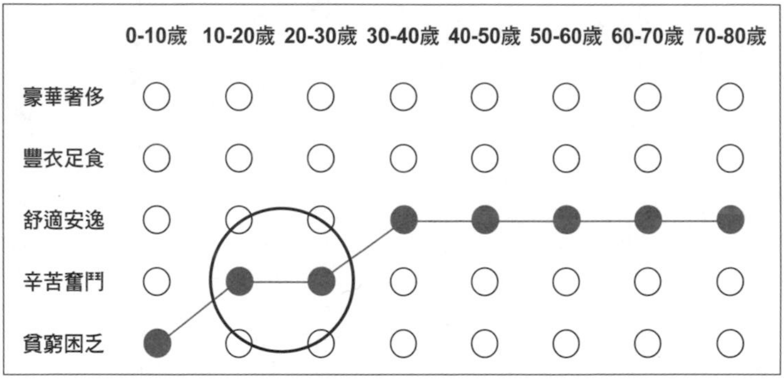

▲ 圖表 7-13　圓圈處，即背負大伯卡債的時間點。

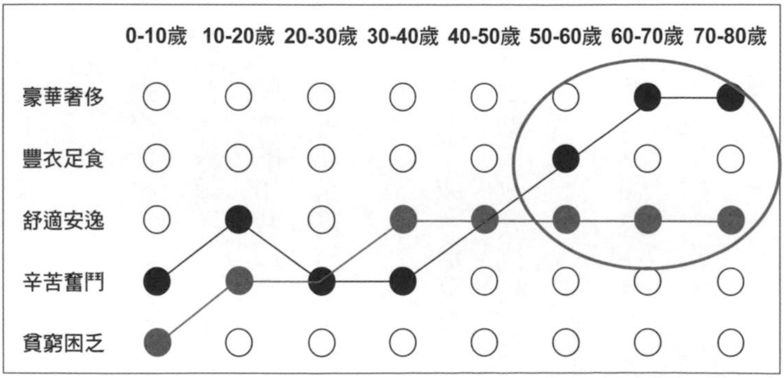

▲ 圖表 7-14　我和先生的金錢藍圖對未來的期望落差很大。

我先生在鄉下長大，他覺得「人活到老，錢夠用就好」、「平安是福、知足是福」，他的野心沒有這麼大，願望沒有那麼多，所以他的藍圖，從四十歲到八十歲為止，都停留在同一個狀態裡，而我不是。

從藍圖看來，我渴望提升、渴望進步，渴望在現有的基礎上，達到更高的標準，過上更精緻的生活，這種落差，讓我們常起衝突。

我們畫完圖，確實坐下來，喝口茶，慢慢談過。

我們互相討論彼此的花錢習慣、彼此的期望、彼此對現狀的認識，然後摟摟肩膀，互相理解。

我告訴他，我必須要買幾件衣服，但也會省下一些非必要花費，而他聽完我講的之後，也願意調整自己的購物習慣，扔掉太舊的衣服，買些漂亮的鞋子給自己，而且把花錢的標準放寬。

更重要的，我們說出自己的願望，說出自己到六十歲、七十歲時，期望的財務狀態，互相確認，彼此激勵。

我理解他的期望，他理解我的期望，我們彼此修正，互相靠攏，一起訂出新的金錢目標，而且讓夢想中的生活圖像，變得清晰可見，變得一致。

我們重新繪製了新的藍圖，並調整最終期望：

我把八十歲的目標，從「豪華奢侈」劃回「豐衣足食」；我先生從「舒適安逸」調高到「豐衣足食」；我們的藍圖重疊了，目標重疊了，我們感到滿意（見圖表7-15）。

最後，我提供我們的做法，讓你也可以參考：

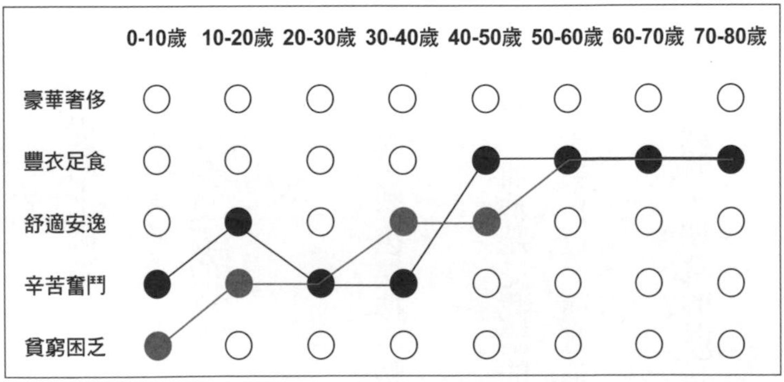

▲ 圖表 7-15　溝通後，我和先生重新調整的金錢藍圖。

> 1. 我們一致決定，要經營「寬裕」的財務狀態。所謂寬裕，是指有（　　）元的退休金。
> 2. 我們會持續記帳，追蹤年支出，累積儲蓄，直到目標存到每年（　　）元。
> 3. 我們會持續投資，追蹤報酬率，累積本金，預計年報酬率（　　）%。

最後，認真看待並規劃「金錢藍圖」，是夫妻應該要做的事情。

記住，老婆（老公），是你最大的理財摩擦力，一旦他有意見，所有努力，都白費力氣。

PART 3

如何設立與家人的財務界線？

$

第8章

金錢界線的五大原則

每一天，我們起床，生活充滿了意義。

我們要上班、要健身、要煮飯；我們要繳汽車保險、要參加婚禮，要準備家庭聚餐；我們知道自己「應當做什麼」（存第一桶金、還房貸、培養孩子讀書習慣、關心朋友、孝順、勤奮、節儉），「不應當做什麼」（吸毒、殺人、賭博、酗酒、吸毒、偷竊）；胸有成竹，勝券在握。

我們活著，就像開著一輛配有導航的汽車。只要輕輕敲擊電子螢幕，「搜尋」一下，隨時可以俯瞰整條公路，安心前往目的地，沒有困惑。

這種「不困惑」，來自一種「周詳的視野」——一種對「道德」、對「人性」、對「愛」、對「快樂」、對「自我價值」的理解——我們相信自己是「好人」，而「好人很孝順」、「好人關心家人」、「好人有義氣」、「好人會照顧自己、幫助別人」……這些「應當的做的事」、「不應當做的事」，在腦中的組合得很協調；像開了導航一樣，我們如如不動，安心穩定，直到「欠卡債的小姑」、「愛賭博的媽媽」、「投資屢屢失敗的哥哥」，攪亂我們的心智，把一切撞破。

什麼是愛？什麼是孝順？什麼是義氣？在資源不夠的時候，我該優先照顧自己，還是別人？我是自私嗎？我是苛刻嗎？作為子女，作為兄弟，我有什麼責任，什麼義務？我們的理智和情感，糾結成一團，導航系統失效了，我們失去了穩定，無比脆弱。

這種脆弱，我確實經歷過。

十六年前，當我說「誰欠的錢，就誰還啊」的時候，我的眼眶發熱，手心發汗，臉漲得通紅。我想獲得夫家認同。我不想成為「愛計較」、「不識大體」、「不溫柔」、「自私」的女人；但我抗拒、厭惡、害怕背上兩百萬元的卡債；我既認同，而又不認同；我既想做，而又抗拒去做。

婚姻似乎把我的權利跟義務，派生得更為複雜。

我對「應當做什麼」、「不應當做什麼」，一片混亂；我不知道該去哪裡，我不知道該做什麼，我不接納自己的情緒，我指責自己的念頭（我是自私的壞女人）。

經過這麼多年，我才瞭解。當年的我，真正需要的，就是「重置」（reset）。「重置」，就像在一個複雜的地圖裡，「刷新」導航。

我需要把自己抽離，像俯瞰一整條高速公路，重新整理所有的「原則」——愛的原則、義務的原則、行動的原則——我必須在新的關係裡，重新定位，建立超越的、精煉的、清晰的視野：

「什麼是責任？」
「什麼是愛？」
「什麼是快樂？」
「我有什麼價值？」

這些問題的答案，是沙漠裡的北極星。當我們在深夜，獨行在沙漠裡，仰望北極星，足以定位，升起力量，湧起信心。

北極星的位置，是俯瞰的、是超越的、是觸及一切的、是洞察的視野；這是「原則」的視野。

我發現，當我釐清「概括的」、「普遍的」原則；我能更穩定地、沒有衝突地，理解自己對大伯有什麼義務、有什麼責任；在我的儲蓄，跟他的卡債危機之間，該怎麼排列順序，建立秩序……我發現，我變得知道「該做什麼」，知道自己「不該做什麼」，我變得不再困惑、不再衝突，不再恐懼。

原則，幫助我進入平衡，建立內在的穩定，從容應對。

這十六年來，我歸納出來的「北極星」。這是我體會到的「五大金錢界線原則」，希望也能幫助你。

第9章

因果原則：「不幫」才是真正的「幫」

十八年前，我在成大讀研究所，沒畢業前，我有研究經費，也兼任研究助理，一個月能賺兩萬五千元。

那年，我樂觀魯莽，揮霍無度：買衣服、租房子、買包包、化妝品、保養品……從不存錢，也存不住錢；畢業那天，我口袋空空、腦袋空空，開始實習。

當實習老師的第一個月，我的收入，從兩萬五千元，降到了零元。月中，我的錢包空了，手機停話、房租付不出來，我一副不知「窮之將至」的樣子，慢吞吞掏了掏口袋，找出幾個五十元銅板，買了一包蘋果麵包、一顆高麗菜，加上半斤白米，企圖以「麵包三十六式」，撐到月底。

我記得，第二個月，男友就搶過帳單，付清我的電話費；再下個月，他又搶過我的帳單，付清我的信用卡費；我種下亂花錢的「因」，卻不承受亂花錢的「果」——我不需要餓肚子、不會被房東趕出去、不會流浪街頭，還能買各式各樣的面膜——我一犯再犯，別人替我承受了後果。我透支、再透支……從不收斂自己的生活。

回想起來，男友付清我的帳單，就像伸手去接一顆要掉在地上的蘋果；他破壞了地心引力，中斷了「因果原則」，這種干擾，掐斷了我的學習之火。

種什麼因，得什麼果；誰種的因，誰得的果，「行動」與「結果」之間，是一套完美的「學習程序」。中斷學習程序，好比抽走別人的考卷，代他答題——這是「作弊」。

作弊，應付得了這次，應付不了下一次。

如果一個孩子，不懂得存錢，隨意透支，欠下了卡債，媽媽卻幫他還清，不讓他承受後果；時間長了，他無法控制自己，無法規劃未來，這種阻撓「因果原則」的行徑，最終剝奪了他的潛力。

我常想，如果當年，爸爸不代替叔叔，償還賭債；如果當年，他能抵抗威脅和霸凌，堅持不幫叔叔還錢，也許叔叔承受惡果（被追債、被毆打），會逐步修正，有所收斂。這種「不幫」，不也就是真正的「幫了」嗎？

但回想起來，我陷入沉吟。如果爸爸當年抵抗叔叔，他抵抗的了嗎？如果換成是我，我抵抗得了嗎？想到要面對搖頭耍賴、破口大罵的叔叔，我深吸一口氣，對爸爸當年的處境，感到同情。

設身處地，我不一定能承受得了叔叔的反擊。面對這麼情緒化的人，我一定也會想逃開，也會想息事寧人、花錢了事……但過了這麼多年、聽了這麼多故事，我總覺得，為了保護我們，爸爸必須反擊，爸爸必須為自己、為我們，做點努力。

我常覺得，面對同一個情境，不同的人，有不同的反應。有的人，面對一個憤怒的人，會很害怕、很軟弱；有的人，卻能保持冷靜、穩定情緒，變得很「抽離」。

「抽離」是一種「距離」。距離就是退一步，在心理上，把他的情緒，留給他自己——他要生氣，讓他生氣，那只是他心理的感覺，不會衝過來「咬我」或「傷害我」。我們能堅定地，像隔著螢幕，看連續劇一樣，不跟著情緒起伏，不受影響，不讓失控的人影響心情，試著把他的憤怒，留給他自己。

每個人的心底，都住著一位鬥士。勇猛強壯、思路清晰、目標明確、內心平靜。我們必須召喚他、相信他，凝聚足夠的力量，承擔反擊。

我在想，如果叔叔朝著我亂摔東西，破口大罵，我應該會深吸一口氣，盡力控制住情緒，牢記自己的底線，冷靜地說：

「不準再對著我大吼大叫。除非你冷靜下來，不然我不會跟你說話。我現在要出門，你不要跟過來。」

我應該會離開現場，讓他一個人待在那裡。幾天之後，再打個電話給他，告訴他：

「我知道我不幫你，你很生氣。我瞭解你現在很難過。但是我有我的原則，除了錢以外，有什麼我幫得上忙的嗎？」

我應該會保持我的界線，讓生氣的叔叔，學著控制自己。這是他一輩子，也許都沒學會的東西。如果他跟我決裂，再也不跟我聯絡，我想，我會咬著牙，堅持住，不妥協——我會為自己努力，即使情況艱難，還是盡力。

這就好比牙醫在牙齒上鑽洞——鑽洞，讓我們一時痛苦，叔叔被傷（hurt）了，但不是被害（harm）了；吃糖果，讓我們一時開心，我們被害（harm）了，卻沒有被傷（hurt）了。我必須勇敢看著「鑽出來的洞」，勇敢看著自己造成的「傷」（hurt），俯瞰終點，為自己打氣。

我知道，不幫叔叔付賭債，會讓他愁眉苦臉，唉聲嘆氣；他會躲在家裡、不接電話，甚至揚言自殺，要同歸於盡。但我知道，我必須勇敢。我不能再退讓、再容忍他的暴行，我不能拿自己的幸福冒險，拿孩子、太太的幸福冒險，在關鍵時刻，我們都必須把頭從沙堆裡舉起來，面對問題，不再逃避，勇敢地投入戰場，走出陰影。

我常想，如果當年，爸爸不幫叔叔還債，但他很有愛心、發自內心地說：「除了幫你還錢，我還能為你做點什麼？」他表達關心，拍拍他的肩膀，告訴他，他不容易，他承受債務，一定辛苦了，並且送上幾包大米、沙拉油、食物（不是還賭債，而是在自己能力範圍內，支持他的家庭與生活）。這不是符合「因果原則」，「傷」（hurt）而不「害」（harm）的做法？這難道不是愛？難道不是幫助？

我相信，「伸手去接掉下來的蘋果」，只會讓人軟弱。

任何人只要真的想改變，就可以改變。我們可以改變職業；可以改變觀念；可以改變行為。只要我們「決定」，我們「知道」要改變，我們就有巨大的能力，扭轉習慣。人有改變的潛力，也有改變的能力，不要掐斷它，不要中斷它，讓因果原則，發酵發威，自行作用。

讓蘋果掉下來吧！讓惡果發生！

我該付自己的帳單，叔叔該付自己的賭債，我們都該自己付錢！

負責守好自己的草坪

有人無法控制自己、過度消費、操作高風險投資，最終引發財務危機，還向你求助的時候，就是你在籬笆上「加鐵刺」的時候了。

你要捍衛你的草坪，樹立「閒人勿進！前有惡犬！」的標語，清楚地展現自己的

「地界」。

做父母的，可以對孩子下最後通牒：「你再不找工作，隨便辭職，我不會再給你任何一分錢。我不會再幫你繳健保費、保險費、燃料稅，你自己看著辦。我說到做到。」

做兒子的，可以對爸爸說：「如果你股票融資，再不控制風險，我就會再也不回家，直到你改變為止。」

這些「後果」，是你加在草坪籬笆上的「鐵刺」。你必須讓別人知道，我們守護自己的原則，是是真心誠意的。如果有任何人「越界」，你的「鐵刺」，就會刺破他的小腿，讓他尖叫，讓他流淚。

第一個揭竿而起的人，一定會付出代價。

當我們在人生中做出改變，結束一段受虐關係、勒索關係，就像戒酒、減肥、離婚一樣，經常會經歷一段醞釀期，而且遭遇強大反擊：爸爸會罵人、媽媽會離家出走、妹妹會打電話騷擾、舅舅會刮你的車、弟弟會在臉書上留言辱罵……我們必須要有強壯的內心、堅定的承諾、極大的勇氣，才能不走回頭路，不妥協，不把頭再埋回沙堆裡。

在關鍵的時刻，我們要找「後援」。這是一件艱難的事，我們需要一支隊伍，讓我們不會崩潰。

閨蜜、其他的家人、教會團體、朋友、同學……都可以成為我們的援軍，「預演」下通牒的情境、激勵、療傷，為我們打氣。

我們可能無法全身而退，我們可能會讓情況變糟、吵鬧變多，但我們不得不站出來，為自己挺身而出，劃下清清楚楚的界線。

我們不能冒險，不能讓孩子、先生、太太，陪著我們冒險。我們必須負責守好自己的草坪，不退。

第10章

露出原則：勇敢說出自己的不喜歡

多年前，我看了一部日本ＮＨＫ真人紀錄片，主角是日本「泡芙工房」（BEARD PAPA'S）泡芙之父，也是擁有海內外三百五十間分店的企業家——Yuji Hirota 的故事。

一開始，Hirota 轉過身，面對著鏡頭。他的顴骨很高，頭髮往後梳，露出蒼白的高額頭，雙眼陰鬱、嘴角下垂，像從羅馬尼亞來的鋼琴家。

「一開始，我就請媳婦說清楚。」Hirota 向記者說，他的吐字清晰，彬彬有禮。

「我們住在一起，她必須直接告訴我，她『不喜歡』什麼。」

「不喜歡什麼？」記者問，「直接說出來嗎？」

「是的，媳婦是陌生人。她跟我住在一起，她『不喜歡』什麼，而不是『喜歡』什麼，才是最重要的。」他把雙手揹在背後。我很驚訝地發現，這名企業家，穿著全套淨白的休閒服，布鞋也是全白的。「把自己不喜歡的事情說清楚，我們才能好好相處。」

他笑了，笑容中蘊含著一種對人性的洞察與理解。

聽完這番話，我印象深刻。這是一個懂得「界線」的老人，給出的警世金言——界線露出來，讓人看清楚——我當年就沒做到這點，吃了很多苦。

十六年前，我不舒服，我不喜歡，我也不願意還「別人的債」；但我隱藏起來，不敢說出來。

我怕當上壞人，我怕被看作是「壞媳婦」；我害怕公公「討厭我」，「攻擊我」，我害怕自己失去形象，失去安全感，我更害怕自己「失去老人家歡心」，讓自己失去未來的繼承權；我不敢承擔，也不想承擔，於是扭曲著、偽裝著，從不抱怨，從不談論，只是垮著臉。

我越想著：「不行，這債我付得起，我付得起，我沒事，我會沒事，我跟大家還是很好。」我越這樣想，我的內心深處，開始憤怒。

怎麼會沒事？錢每個月要付，我什麼也不能做，只能忍。我的內心深處，醞釀各種怨懟：「還會再來嗎？其他人還會再出事嗎？再跟我借？」我的情緒開始發酵，怨懟開始沸騰，一大堆問題，開始浮現：

我不愛回婆家，不吃年夜飯；我不接婆婆電話，挑剔先生買的東西……我壓抑著不滿，關係變得惡劣；但我不得不「假裝」，因為「假裝」讓我感覺安全。我是一個媳婦，我需要安全。但過了那麼多年，審視當年的選擇，如果時光能倒流，到了今日，我想做出不一樣的選擇，我想做出改變。

我知道，實話很危險。但實話能讓人自由，而自由值得冒險。

回到當年，我想，現在的我會選擇告訴公公，我們沒有自己的房子、沒有存款、孩子要出生了，我需要為未來打算。我會直接（不傳話），很堅定地，深吸一口氣，說出我的經濟狀況，坦承我的需要（我需要存錢），我會宣布我的做法（從今天開始，我不付你們的房貸了），但同時表達，我有彈性（你們需要什麼？還有什麼我能做的？也許，幫你重新整理債務清單？幫你找更低的貸款利率，也許擔任你的保證人），我關懷你們的需要。

回到當年，我該說「不」，帶著恐懼，帶著不安，帶著勇氣地，大聲說「不」。

我猜，公公應該還是會趕我出去，跟我斷絕關係，讓我難堪。我也許，會成為親友間的「逆媳」，失去特權——不能回婆家、沒有年夜飯、剝奪繼承權——但我不想放棄。我不想放棄，讓自己變成我想要的那種人。我不要唯唯諾諾、悽悽惶惶，我要勇敢，而且一致。

我在想，我會去找更多支持我的人，跟他們待在一起，保持聯繫。我想，我會更努力的賺錢，兼一份差，結交新的朋友，盡力彌補損失。我想說出真話，得到拓展；我想說出真話，得到連結；我想露出自己的傷口，得到信任。如果回到當年，我不會放棄。

我到現在才懂，勇敢說出自己不喜歡，是值得冒的險。

劃清金錢界線時要注意的兩件事

當你決定「露線」的時候，要注意二件事情：

1. 不要陷入三角關係；

2. 不要忘記問：「我能為你做點什麼」？

所謂「三角關係」，是指「間接傳話」。比如說，媳婦跟婆婆吵架了；婆婆覺得自己很委屈，卻不直接與媳婦談清楚，反過來打電話給自己女兒，抱怨媳婦，甚至請女兒傳話，讓媳婦道歉。這種「三角傳話」，只會讓關係變得更糟。

如果你要「露線」，請千萬記住，要深吸一口氣，直接與當事人談個清楚。如果是公公融資，要你還錢，你要當面跟公公表明你的「金錢界線」；如果是妹妹揮霍無度，要你還卡債，你要當面跟妹妹說清楚。不論發生什麼後果，你都能做出行動，適應「反擊」：你的婆婆可能會拒絕幫你照顧小孩，你要找好資源，隨時準備把孩子送過去；你的爸爸可能會跟你斷絕來往，而你本來每個禮拜都要回家吃飯，現在你面臨這種爭執，可能要重新找到生活圈、朋友圈，建立新的生活模式……想好最壞的情況，做出準備，接受衝擊。

我們必須看清現實，負起責任，組織一個可靠的顧問團，規劃「腳本」，反覆練習，然後行動。

記得，只有在對方否認有問題時，或者發生你無法處理的情境，你才必須找別人商量；而這個「別人」，千萬不要是你的「閨蜜」、朋友、或有跟你一樣處境的人（同病相憐者）；你要找的咨詢者，必須是「走在你前面」、有「好的溝通技巧」、「在這方面處理得很成熟」的人——也許是諮商師，或是其他專家，才能給你幫助。一個與你「同病相憐」的人，只會跟你一起「留在原地」，一起生氣。

其次，千萬不要忘記，「露線」的時候，要在最後加上一句：「我還能為你做點什麼」？

因為我們關心他們，我們愛他們，他們是我們的一部分——還記得草坪的比喻嗎？親朋好友，跟我們同一個社區，我們彼此有「籬笆」，但沒有樹起一道「牆」；我們互相關照，看得到對方，關心對方；鄰居的草坪枯萎了，我們雖然不能踏進去，代他澆水，但能在他的門上，貼上一張提醒紙條？也許再加上一張名片，提供一名加裝自動灑水器的廠商電話？我的意思是，當你露出「金錢界線」時，我們仍關心別人，仍能做點什麼，讓他得到幫助。

重要的事情，再說一次：

當你決定「露線」，不要陷入「三角關係」；不要忘記提醒，你在乎他們、你關心他們的需要，你充滿了愛。這件事情一點也不容易，如果一時做不到，不要放棄。有時一個改變，需要時機。做能做的，然後放鬆。

第11章

「為什麼」原則：看清你底層的「動機」

事實上，縱觀我的家庭故事，敏銳的人會產生一種印象：我的父母很容易鬆開錢包，把錢借出去。

前文提到過，我爸爸還叔叔的賭債，長達二十幾年。媽跟著還債，還把叔叔的生活，打點地更為周全——叔叔兩孩子的學費，都是媽媽付的，持續到二十二歲，孩子長大成年。

在很長的時間裡，媽的奉獻，讓我難以理解。我不懂，媽為什麼邊「恨」、卻又邊「給」？三十年來，我看著媽滿腹委屈、咬牙切齒，卻又二話不說，鬆開錢包；我既心疼，又無法理解。

媽在去年，再借出十萬元。整個過程，匪夷所思——她說某天下午，認識三十年的閨蜜，突然衝進店裡，跟她借錢。「她說很急！非常急！她有急用，誰知道急什麼？」她嘟囔著，惱火得已經不知道是在罵誰。

「人家說個兩句妳就借了？她還了沒？」我驚訝地望著媽媽。

她乾笑了兩聲。「她走了呀……哎呀……得癌症好幾年了，做化療也好幾次了吧？

上個月我還參加她的告別式。」

「那妳的十萬……」

「沒啦。」媽疲憊不堪地聳聳肩，「人走了怎麼還錢？我欠條也沒打，跟誰拿？那是幫奶奶做法會的錢，我後來只好標會。」

我眨了眨眼，震驚不已，把雙眼瞪得溜圓。我們沉默地對視一分鐘——媽的臉拉長了，眉頭擰了起來，嘴角下垂。

我問媽媽，她到底為什麼借錢？

媽告訴我，她不想讓人家說，她沒有義氣；朋友要化療、要看病拿藥，也許臨時有急用，不借出去，閨蜜會怎麼看自己？做人這麼愛計較，其他朋友會怎麼說？幾十年的交情，這話傳出去，自己還要不要做人？朋友這麼可憐，她想做化療、拿藥、看診，也許真的急需用錢？如果在這種情況在，只顧自己，太沒有義氣了吧？

媽絮絮叨叨地說了下去，但她的聲調已經低了一階。大部分憤怒已經消失，她此時話裡焦慮的聲調，讓我陷入沉默。

我靜下心，在腦子裡列出媽借錢的原因：

1. 怕看起來沒義氣
2. 怕看起來愛計較
3. 怕話傳出去，別人會怎麼說？

媽借錢，不是「愛」，而是「怕失去愛」——怕別人說她沒有義氣；怕自己成為一個不慷慨、沒有愛心的人；怕「別人怎麼說她」——她的內在，滿是恐懼，而她的害怕，絕大多數，都是怕「被孤立」。

我仔細想來，發現很多借錢給別人、幫親朋好友「善後」的人，他們的內在，都有過類似的掙扎；他們的「為什麼」，裹挾著各式各樣的恐懼：

出於害怕

害怕失去愛

如果我不幫爸爸還這筆一百萬的融資債，他就會不理我了。爸爸只有一個，我會一個人了。

害怕被討厭

如果不分攤岳母的旅費，她討厭我怎麼辦？她冷眼看人的樣子，好恐怖啊。

害怕孤獨

我如果幫女婿付頭期款，他就會認同我很有「心」。他會知道，我是有能力的人，他會常常帶女兒回來看我。

害怕失去「善良」

我不幫妹妹，我是自私的人嗎？我只顧自己的小家庭嗎？我是這麼差的人嗎？

害怕愧疚感

我當爸爸的，這輩子也沒存下太多錢，將來留不了什麼給孩子。她這點卡債，我應該幫她，我連這點忙都不幫，我算什麼爸爸？

這些感覺，我完全能理解。我也怕拒絕朋友，會讓自己孤孤單單、伶伶仃仃，沒有人可以陪伴，沒有人可以連結。說到底，我也害怕被別人討厭，被別人孤立，我的心裡，也會搖搖擺擺，感覺不安全。

如果我是媽媽，遇到她的處境，我可能會動搖，會違背原則，放棄界線；我可能會紅著臉，欲言又止，不敢拒絕……我也會躊躇著，懷疑自己不幫這個忙，會把對方推得更遠。也許、也許……但再多的「也許」，再多的猶豫，都不會讓我們穩定下來，感到和諧。

違背自己的真心，邊「恨」、邊「給」；邊「怨」、邊「借」，就像侵入「內在的房子」，啟動「警告系統」，讓鈴聲大作，紅燈閃爍；我們混亂、低落、搖擺、精疲力竭……

「給」，不是犧牲、不是割捨；「給」，是因為「多」出來了，「滿」出來了，所以給。

如果我是媽媽，我需要那十萬元辦法會。我應當停下來，感受自己的內心，聆聽自己的聲音，察覺自己在猶豫著、掙扎著，然後深吸一口氣，面對自己，照顧自己，重視自己的情緒。

在這個時候，我應當轉過身，清清楚楚地地告訴朋友，我需要這筆錢，沒辦法借給她。這時，我也許可以再等一等，再仔細聽清楚，斟酌一下她的需要，然後衡量一下，在不影響自己生活的狀態下，把剩餘的、用不到的現金借出去。

如果有這個過程，我就是在「滿出來」的狀態下借錢，在豐足的狀態下給予；我就不會邊「恨」、邊「給」；邊「怨」、邊「借」——這才是快樂的給予、平衡的給予。

借錢出去時，先問自己為什麼

每個人的內在，都有一座小森林。很多東西被森林掩蓋了，自己都看不清楚。我示範給你看，當你要把錢借出去的時候，怎麼連續問幾個「為什麼」，撥開森林遮蔽的枝椏，看清你的「動機」：

為什麼我想借這十萬元？

回答：我想幫助朋友。

你為什麼想幫助朋友？

回答：這朋友認識很久，我們交情很深。

你為什麼想幫助一個認識很久，交情很深的朋友？

回答：我覺得大家認識那麼久，交情那麼深，如果我不幫，那她會討厭我……

你為什麼怕她會討厭你？

回答：因為她討厭我，我就很難過……

為什麼他討厭你，你會難過？

回答：因為……我需要她，她是少數會停下來，聽我說話的朋友。

連續追問「為什麼」，能幫你澄清，你的內在，到底是什麼意圖。你要完全接納、放鬆自己的想法，想到什麼，寫什麼、說什麼；如果你足夠放鬆，連續追問「為什麼」，就能浮現你隱藏著的「內在原因」：媽媽是為了怕被孤立、怕被議論；我也許是怕沒面子、別人會討厭我；你也許是真的關心他、真的在乎他……不管什麼原因，只有看清楚了，才能敏感地察覺、檢討、回應。這個時候，你的回應會是「內外一致的」、「沒有衝突的」、「平衡的」、「真心的」；你的內在，才會真正感到安全。

第12章

責任原則：先為自己負責，再滿足他人

三年前，我在上海遇見台幹S，她告訴我，三十二歲結婚前，她爸爸突然簽下一筆房貸，頭期款、貸款，都要她出錢，房子登記她的名字，但弟弟、妹妹、弟弟未過門的女朋友，都住在裡面。

S說，房子登記她的名字，但地點、房型、居住環境，都是為了其他人打造的，她估計自己不會去住，弟弟、弟妹住在裡面，即使未來父母過世，她也不敢把房子收回去（顯得不近人情）。S說，這種「家庭責任」，不答應顯得「無情」，背上了又氣喘吁吁，很有壓力。

就在去年，S懷孕了，先生卻被裁員，一時失業。

S是個負責任的女兒，但是她看著先生愁眉苦臉，心底感到愧疚，於是開口，請爸媽暫時接管房貸，讓弟弟、妹妹，一起還錢。

她一提出來，家裡就炸開了鍋。爸爸在飯桌上，第一個跳出來，憤怒地咆哮：

「我養妳這麼大，妳就這麼回報我們的嗎？」

「還不起？還不起什麼意思？妳不是上個月還去日本玩了嗎？沒錢能去玩什麼

啊？」

「妳怎麼可以不負責任呢？房子是妳的名字耶！以後也是妳的耶！妳要存錢，這房子不是幫妳存了嗎？」

吃完飯，S落荒而逃。她抽抽噎噎，極度委屈地告訴我，她搞不清楚，自己自食其力，花錢去日本犒賞自己，到底有什麼錯？S哭著問我，是不是收入比較高，就要背負其他人的生活？她懷疑，自己是不是太自私了？

我聽了，只能拍拍她的手，安慰她，不是她的錯。

責任是什麼？責任像河流兩邊的堤岸，引導著水流，灌溉田地，生養果實；它是行為和欲望的界線，領著我們做「應當做的事」，扛「應承擔的任務」、達成「應完成的使命」；責任，就是指示。

很多年來，是父母告誡我們責任的內容——好好工作、自食其力、奉養父母、維持穩定的婚姻、生養一兩個小孩——父母以喝斥、命令、威脅的姿態，像在河邊築起兩道堤岸一般，引導我們的能量，去往他們指向的田地，灌溉成林。

這麼多年來，我一直感到好奇。「責任」像塊匾額一樣，掛在每個人的頭上，為什麼卻從沒有人，提出這些問題：

1. 背負責任的**目的**是什麼？
2. 背負責任的**對象**包括了誰？
3. 背負責任的**順序**是什麼？

想到這三個問題，讓我陷入沉吟……

責任的目的是什麼？責任的目的是讓自己，過得更好、過得更快樂、更有目標——比如說，我想學會理財，於是我決定記帳。當我決定記帳的時候，我對每天記錄開支、蒐集發票這件事，就有了「責任」。責任，讓我「受力」，讓我「承擔」；我必須耐著性子，花時間、花力氣，不斷給自己打氣，忍耐枯燥，維持紀律，達成目標。最終，我因負起了「記帳」的責任，存住錢，過得更好——這是責任的目的，責任，是為了讓自己幸福。

那麼，責任的對象包括了誰呢？

首先，我們第一個該擔負的責任，就是自己——自己想買的房子、想做的職業、想擁有的生活節奏、休閒方式、自己的成長、自己家庭的開支、自己孩子受到良好的教育——我們要為自己，負重、承擔、受力、前行。**我們活著，首先必須為自己的生活負責，背負自己的背包，為自己的欲望、理想，奮鬥推進。**

其次，我們該擔負的責任，包括家人、親戚、朋友，以及地球上，與我有連結的「其他人」，都是我們的責任。

但是，首先背負自己、其次背負別人；別人首先背負自己、其次背負別人；我們對自己的生活負責；別人對自己的生活負責；每個人背著自己的背包，手拉著手，向上攀登，直到登頂……這是愛，這是連結。

人跟人之間，第一個責任，也是唯一的責任，是愛，不是錢。愛是一種絕對的自我中心，是一種被滿足、被保護、被包圍的狀態下，沉穩、安定地行動著。你一定要先承擔自己的責任，讓自己滿足，充滿了愛，才能去滿足別人，這時你才是給予者，不是乞求者（乞求別人關注我、重視我）。

人與人之間、家人之間，要愛對方，不是成為對方——我們不能代替家人思考，代替家人實現願望（你有自己的願望，不是嗎），代替家人還房貸（你有自己想買的房子，想過的生活，不是嗎），代替家人承擔他們人生的失意和失望（那是他們的經歷，不是嗎？）……愛你，不是成為你。

如果我是S，畢業那年，我會拒絕背上房貸，那是別人的背包、別人的責任，S不是耶穌，S不該背著十字架、手鐐腳銬、負重前行；那不是愛，那是順從、也是扭曲。

我能想像，S如果說出「我不還了」的時候，她的心底，一定會很有壓力。那是一種「愧疚感」，一種「內心的定罪」，像懲罰自己似的，說自己「很無情」、「很壞」；承受那種壓力，一定非常痛苦。如果爸爸媽媽再跳出來，跟著罵「你不孝」、「你自私」，S的內心，一定承受更大壓力。

愧疚感，大概是世界上最難處理的情緒。

愧疚感來自內在，來自我們小時候，學過的規則、教條，要抵抗它，得很有決心。因為它根深柢固，來自內心。

我自己生長在「沒有界線感」的家庭，對S的處境，感到同情。我能理解S的難處，理解她承受的壓力，但我始終覺得，我們能堅持住，為自己做點努力。

我們應察覺自己的愧疚感，察覺自己腦子裡「你很差」、「你很自私」、「你不孝」的聲音，然後退一步，像旁觀者一樣，看待自己的處境，檢查自己的「聲音」；辨認出爸媽、親人的「操縱語言」，試著在內心底，為自己打氣。

我相信，如果我們不能控制愧疚感、察覺愧疚感，安頓自己內心，我們面對這種情境，就會陷入掙扎、憤怒、糾結裡，最終破壞愛與信任感，得不償失。

我們該讓別人知道，你是你，他是他；由你控制自己。即使一切並不容易，也值得努力。

與家人建立健康的財務界線

我知道，有些人在你說「不」的時候，就是「聽不懂」。對他來說，你說「不」，代表「也許」；而「也許」，就是模糊的「是」。

我也知道，有些人在你說「不」之後，仍步步進逼，甚至孤立你、威脅你、冷淡地對待你，挾持你的意志，讓你軟弱，逼你就範，這個時候，我們該怎麼辨呢？

好吧，我得承認，這類人特別棘手，如果你遇上了，就得升級裝備，越級打怪，接下來是我得出的經驗，與你分享。

指認

這類「不聽別人的需要」，「一味指責別人」、「批評別人不負責任」的人，通稱為「控制者」。

控制者分成兩個類型：1.侵犯型控制者；2.操縱型控制者；兩者，都不難辨識。

1. **侵犯型控制者**：他們就像一台坦克車，硬要從別人的「籬笆」輾過去，無視別人豎起來的界線。他們的特徵，就像S的爸爸，會在S說「不想再付房貸」的時候，破口大罵，暴躁、憤怒；他們會勾起別人的恐懼感。

2. **操縱型控制者**：他們的操控方式，比較隱晦。比如說，S的媽媽，在S說「不想再付房貸」的時候，不罵人，只是歇斯底里，一直哭，說自己「沒把S教好，讓S變成這種自私的小孩……」（哎，這一幕是不是很常見）讓S難過得不知道怎麼辦，這個時候，S的媽媽就是「操縱型」的控制者。這類控制者，會否認自己的自我中心，用「誘導」的方式，不是「侵犯」的、「暴力」的方式，讓別人承擔自己的擔子。他們會勾起別人的愧疚感。

記住，讓你有「恐懼感」，他就是「侵犯型」；讓你有「愧疚感」，他就是「操縱型」；不管哪一種，都在企圖「控制」你。

控制者	引起的情緒
侵犯型	恐懼感
操縱型	愧疚感

攻擊

你知道，這兩種類型的控制者會說出什麼樣的話嗎？以下是各種典型*：

威脅
你是要我死在路上是不是？
你不幫忙，以後不要踏進這個家門一步。你給我滾！
你要毀了這個家嗎？
我要和你斷絕父子／母女關係！
我會讓你後悔。
我要你付出代價！

貼標籤	我真不敢相信，你這麼自私！這一點也不像你！
	你只想到你自己！我呢？我怎麼辦？
	我以為你跟其他人不同，我錯了！
	不知道孝順父母，你還是個人嗎？
	你無情無義。
	你長大了啦！翅膀硬了啦！就可以丟下我了啦！
誘導回應	你怎麼可以這樣對我？在我為你付出這麼多之後？
	你為什麼要毀了這個家？
	你為什麼那麼自私／固執／倔強／不懂事？
	你是哪根筋不對？
	你為什麼要傷害我？
	你瘋了啊？幹麼那麼小氣？
沉默	不跟你說話，沉默。

* 部分對話參考《情緒勒索》（*Emotional Blackmail*）一書；部分出自自己累積的經驗。

接下來，是我提供你的恰當回應，這種回應能控制「界線」，又能不傷害對方，內外一致、而且坦承：

回應祕技

威脅
你是要我死在路上是不是？ **我希望你不要這麼做，但我已經決定了。**
你不幫忙，以後不要踏進這個家門一步。你給我滾！ **這是你的決定。**
你要毀了這個家嗎？ **等你明天不那麼氣的時候，我們再談。好嗎？**
我要和你斷絕父子／母女關係！ **我知道你現在很生氣，但是我希望你冷靜一下，再想一想。**
我會讓你後悔。 **恐嚇我沒有用。**
我要你付出代價！ **很遺憾你這麼不開心。**

貼標籤	我真不敢相信，你這麼自私！這一點也不像你！	你可以有你的看法。
	你只想到你自己！我呢？我怎麼辦？	我想，事情對你來說就是這樣。
	我以為你跟其他人不同，我錯了！	好吧。
	不知道孝順父母，你書讀到哪裡去了？	也許你是對的。
	你無情無義，是個人渣。	你繼續攻擊我也沒有用。
	你長大了啦！翅膀硬了啦！就可以丟下我了啦！	很遺憾你這麼不高興。
誘導回應	你怎麼可以這樣對我？在我為你付出這麼多之後？	我知道這件事讓你不高興，但我決定了。
	你為什麼要毀了這個家？	我知道你生氣，但是我對這件事沒有讓步的空間。

誘導回應	你為什麼那麼自私／固執／倔強／不懂事？	我們之中，沒有人是壞人。只能說，我們要的不一樣。
	你是哪根筋不對？	我們的角度不同、立場不同。
	你為什麼要傷害我？	很遺憾你這麼生氣。
	你瘋了啊？幹麼那麼小氣？	我知道你會這麼想，但是我決定了。
沉默	不跟你說話，沉默。	不要被嚇到。不要求他們說話。告訴他們，你知道他們很生氣，並且，清楚地說明，你能幫忙到什麼部分。比如：我能資助你十萬元，這是我刨除應急金、養老金、房貸後，好不容易存下來的十萬元，我可以先借給你，這是我能做的了。背起你的房貸，這不是我該付的責任。

第13章

不「一」原則：不只歸咎一個人，還有關係人

要把一顆蛋煮熟，需要很多條件（見圖表13-1）：我們得有一顆蛋，得燒開一鍋水，得有一個爐子，一個點火器，一雙把蛋放進鍋子裡的手，瓦斯、空氣、承載瓦斯爐的地板……如果再想想，每一個條件，比如一顆蛋，又得需要四到五個條件，才能生出來：一顆蛋，需要一隻健康的母雞，母雞得有安全的雞窩，雞窩裡得有飼料，飼料必須有人製作，蛋必須有人拿出來，運送到貨架上……僅僅是一顆蛋，也得有好幾個條件，才能出現。

我們往往沒有注意，僅僅煮熟一顆蛋，都需要那麼多「條件」；但當一件壞事發生的時候，卻只怪「一個人」。

假如你走進一個房間，房間到處丟滿了紙屑，一個孩子嘴上塗滿胡蘿蔔泥，一臉無辜地望著你。

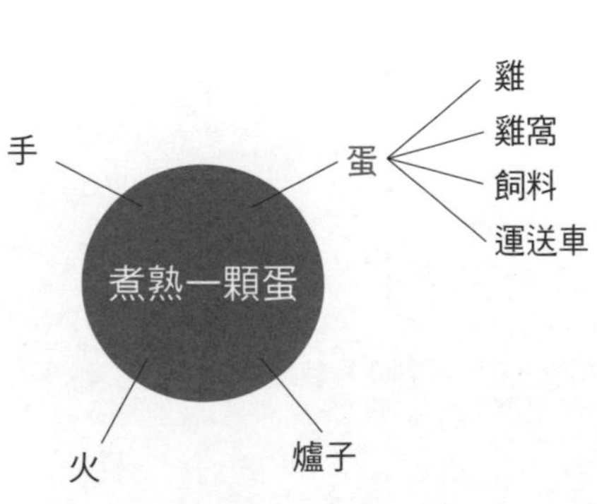

▲ **圖表 13-1　煮熟一顆蛋所需的各種條件。**

這時你發怒了，你對著孩子咆哮，嘆息著，指責是「他」把房間弄亂了。但是，真是他「一個人」把房間弄亂了嗎？

你沒注意到的是，整個房間裡，剛剛還塞滿了「其他人」，還有其他的孩子、怠忽職守的老師，甚至是把孩子送進房間，讓他跟一群不受控的孩子待著的自己，一起造成了混亂。

這不是「一個人」造成的，你卻怪「一個人」；這是一種「有限的知識」，也是一種「誤解」。

這種誤解，會讓你停留在憤怒裡。你會以為，這一切的痛苦，都是「一個人」造成的；當我們把憤怒推到一個人的頭上，你的憤怒，就會沒完沒了。你有沒有發現，當我們咒罵：「他為什麼這樣對我？」的時候，腦子裡浮現更多畫面、更多憤怒、情緒更加激烈。我們用「想」的，企圖解決問題，卻反而越「想」越「複雜」、越「想」越「氣」，這個過程，讓我們把問題變複雜、變大了。

回想起來，我的叔叔欠賭債，造成我的家庭長久的壓力和損失，我只責怪叔叔，卻沒看到，奶奶當年，也許心疼孩子失去聽力，對他特別呵護、特別照顧；她的初心，也是捨不得，她只是無法預見叔叔被呵護、照顧後養成的賭博習慣。在習慣養成後，她也無能為力扭轉什麼。對奶奶來說，她也只是盡了能盡的責任，給了能給的愛而已。而叔叔染上賭博惡習，跟賭場的經營者、環境、朋友，都有關係，是好幾個人，甚至好幾十個人，讓叔叔停不下來，不負責任；這不是「一個人」的事情，是「很多人」的事情；理解這一點、察覺這一點，我們才能變得寬容、諒解、開放與慈悲。

不「一一」，是一種圓融的、全觀的觀點。這是一種「抽離」的角度，讓我們像俯瞰峽谷一樣，看到羅列的巨石、河川的走勢、回溯溪流的源頭，全觀地理解激流是怎麼揚起的。這是一種檢視，也是一種旁觀。當我們瞭解到任何事件，是許多人層層疊疊、互相拉扯、互相影響時，巨大的信心與力量，巨大的理解與慈悲，講從內而提升，你才會有力量與信心，去面對情境。

覺醒之後，才能昇華。

這個過程，就像看著一個火圈。

對小孩子們來說，火圈讓人激動，火圈讓他們尖叫、拍手、興奮，成年人卻不會。某種程度上，成年人辨認得出來，這是一隻轉動的手、加上一個燃燒的火把；他知道手停了，圈圈就消失了；他不會那麼激動、他不會那麼興奮、他不會那麼憤怒——這就是不「一」原則——不怪罪「一個人」，不歸咎「一個人」，讓我們理性、穩定，帶著理解力與洞察力，穿越憤怒之火。

思考財務界線的關係人

仔細思考，造成你痛苦的金錢界線事件，有哪些關係人？

你的金錢界線事件是？

比如：婆婆要求每月五萬元孝親費，讓我很困擾。我和先生吵架很多次，但是先生的回應很消極。他似乎避免去談這個問題。

繪製主題

用簡單幾個字，描述你的重點，之後圈起來。喜歡的話，也可以畫出代表主題的圖形，這樣可以激發聯想力。比如：五萬元孝親費（見圖表13-2）。

影響主幹

列出造成這個事件的主要原因，大概六至八個。問自己：有哪些人、哪些事情、哪些因素，造成這件事發生了？（見圖表13-3）

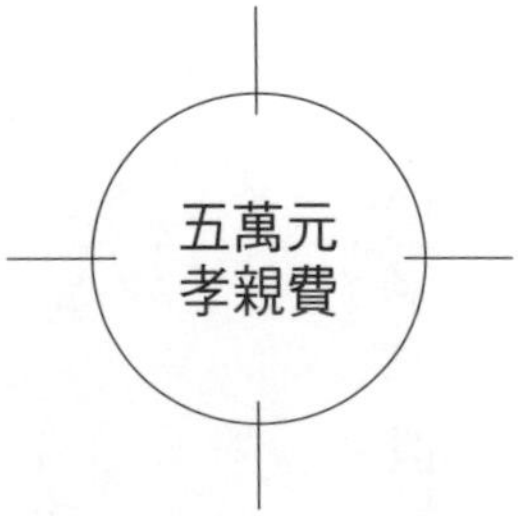

▲圖表 13-2　以「五萬元孝親費」為主題。

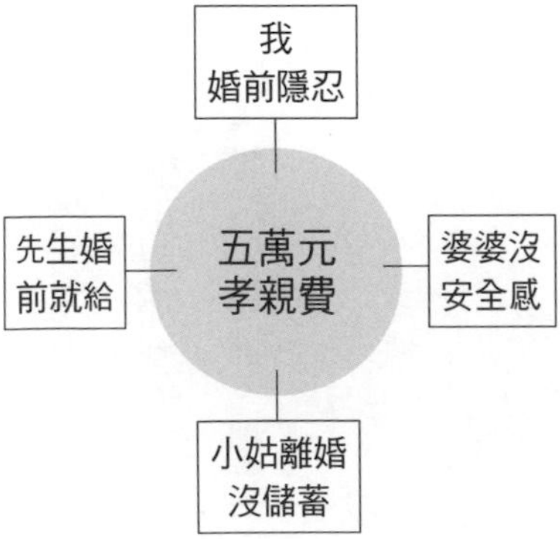

▲圖表 13-3　五萬元孝親費的主要因素。

分支

在主幹下，再寫出影響分支。也就是哪些因素，又再度造成這些主幹發生了？

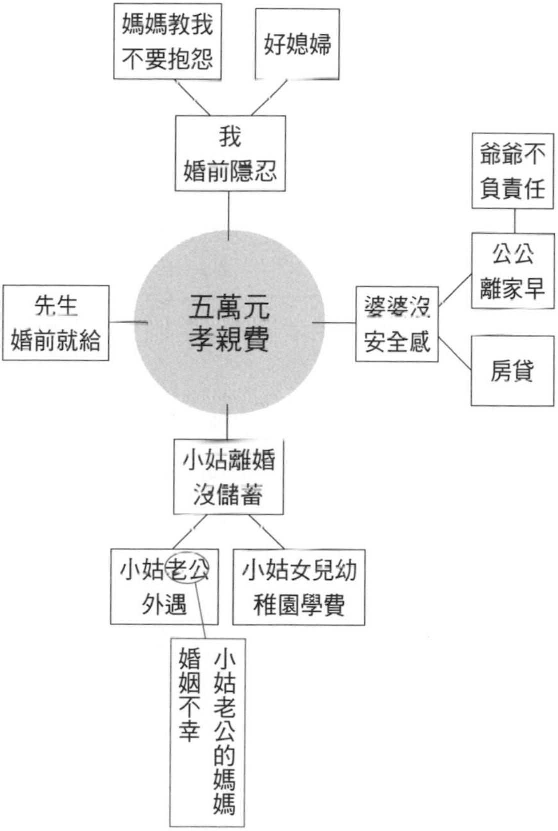

▲ **圖表 13-4　五萬元孝親費的次要因素。**

切記，一個錯誤，不是「一個人」的錯誤。我們俯瞰整個「因果」，要相信，只要你「鬆動了」、「鬆開了」整個結構，讓自己成為第一個脫落的卡榫，整個結構，就整個散開了。

所有的關係、所有的煩惱，都有拆開、重組的契機。提升覺察力，就會產生力量。畫出自己的圖，激勵自己。做第一個改變的人，就有可能，改變所有人的命運。

PART 4

理性與感性的內在糾結

$

第14章

不幫，就是自私嗎？

我要在此坦白。

十三年前，當我拒絕還大伯卡債的時候，非常焦慮。我和未婚夫的處境，讓人沮喪：我們有一百六十萬元的存款、沒有小孩、雙方父母都沒有儲蓄、兄弟姐妹無能為力，只有我能幫，只有我不能不幫。

那些日子以來，我像把拉滿的弓，聳著肩，扁著嘴，用一根細細的釣魚線，拉著一個沉到海底的大鐵錨，糾結著放不放手；每次掙扎，都讓我的身體、我的心理，越來越緊繃。

我先生說，不幫大哥，就是自私。「妳只顧自己！」他握住拳頭，對著我背後空蕩蕩的牆壁高喊，「妳自私！」他說著爆出一陣怒吼，就像舉完六十公斤的啞鈴。

當年，我沒回應。我記得，每次這樣的評論，總能讓我焦慮。

我懷疑，我真的懷疑，堅持不還卡債的自己，是不是真的「只顧自己」、「自我中心」？我懷疑，自己是不是人格有缺陷、道德有瑕疵，價值觀有問題？我的大腦喋喋不休，我感到心虛。

我記得當年，好朋友知道大伯欠了卡債，苦口婆心，給了我「良心的建議」。他告訴我：「這是你的家人，你的責任，你不能不背，不能不承擔，你要懂事、要識大體。」一聽到這裡，我渾身繃緊，繃得臉都疼了。

五秒……十秒……二十秒過去了。我正準備說話，朋友又開口了：「你怎麼能在家人有困難的時候，還能出國、進修、買包包、買衣服？他在受苦，你怎麼能心平氣和地享受？我知道你辛苦了，但你不能只想著自己啊？」

聽到這裡，我突然被嚇著了，羞愧感像一條鋼線，直直鑽入我的背脊，讓我窒息。這個說法，讓我感到壓抑。在大腦裡，我突然浮現一個幼兒園孩子、一個幼兒園老師，兩個模糊的影子。

「自私」是什麼？

自私，是指一個人，只關注自己的需要，不關心別人的需要；只看得見自己，看不見別人；就像許多幼兒園的孩子，會把自己的玩具藏在懷裡，握在手裡，不分享、不給予，有人搶奪，他就尖叫、暴怒、哭泣、抗拒，這叫「自我中心」；這叫「自私」；自私，是只看著「自己」。

如果有個幼兒園老師，一樣把玩具藏在懷裡，握在手裡，不分享、不給予；她的動機，是為了保護幼兒園的孩子們，不會因為爭奪玩具受傷、尖叫、打架，所以她藏著、腋著，像母雞抱著一顆蛋，不滿足孩子的欲望，不分享、不給予，這時候老師關注的，不但有自己，有別人、有幼兒園、有園長、有家長……藏玩具的老師，非常警醒、非常敏銳，她不只看著自己，也看著別人，那麼她就不是「自私」；她是「有界線」：

人格	特質
自私的人	看不見別人
有界線的人	看見別人，看見自己

想通這點，回頭來看，我認為，當年堅持不還家人卡債的自己，如果動機是為了所有人，為了長久的益處，我的行為，就絕不是「只顧自己」、「自私」、「自我中心」。

事實上，如果我像一個藏玩具的幼兒園老師，看著所有人的需求，看著所有人的欲望，做出公允、恰當、符合長期利益的決定，那麼，我不還大伯的卡債，不但有智慧，而且有勇氣，我該把自己視為「有界線」的人，不需要自責，不需焦慮；所有的批評，我應該學著拉開、舉起來、放地上、踢出去。

回想起來，這是我當年應該早要學會，卻沒學會的事。我既感慨，也心疼自己。

愛，讓我們脆弱，讓我們被操控、被支配、被奴役。

拒絕敵人很容易，拒絕你愛的人，卻很難；假如背著「自私」、「只顧自己」的批評，要橫著心拒絕，只會更難。

我想告訴你，我知道你很掙扎，我知道你很痛苦，我知道你快撐不住了，但是我們不能放棄。

記住，我們的生活，是我們的責任，過好自己的生活，不應當感到愧疚。

我們要照顧自己，我們要旅遊、買自己喜歡的東西；我們應當正視自己的欲望、自己的需要、自己的未雨綢繆、自己的安全感；我們值得快樂，我們值得被愛，我們值得被珍惜。

過程中，別人會說服你，說服你還他該還的房貸、還他該還的卡債；付他該付的旅費、給他想過的生活；我們必須忽略，走自己的路，過我們該過的生活，經歷自己的旅程，不浪費生命。

世界上，許多罪行、邪惡，因愛而生，保持冷靜。

第15章

不幫，就是不孝嗎？

二〇〇六年暑假，我覺得自己突然掉進一個惱人的惡夢裡。我和先生帶著孩子，回到婆家。在婆家的客廳裡，為了房貸的還款計畫，和公公大吵一架。

公公的房貸已經拖了十年，他用土地抵押，在農地上蓋起七十五坪的農舍，農舍的建造與貸款，由兒子們一力承擔。

剛開始，新婚的我們，沒有孩子，沒有壓力——先生還年輕，我也還在讀博士，所有的收入，左手進、右手出，沒有太多顧慮。

二〇〇六年後，壓力大了起來——孩子出生了，奶粉、尿布、褓母費，一樣不能少；娘家發生火災，我每個月固定匯款，幫助家裡度過困難；我的博士學位進入第四年，往返台灣的次數變多，機票費用每月多支出一到兩萬元……我和先生的每月支出，突然左支右絀。

公公不是沒有錢。他有一塊閒置的工業用地，空著擺了十年，一直沒賣。十年前，就打算賣掉這塊地，清償房貸；但不知為什麼，一拖再拖，貸款的利息，一直在付，先生既是連帶保證人，又要固定還貸；我們小夫妻沒有積蓄、沒有資產，壓力逐漸累積，終於爆發出來——他們父子大吵一架，開始冷戰。

我記得那一天，公公咆哮著：「我養了你二十年，你這樣對嗎？」他眼珠一翻，一邊噴著鼻息，怒罵道：「我白天在紙廠，晚上再去塑膠袋工廠，照顧農地、插秧、晒稻……你就這麼跟我計較？不孝！你書讀哪裡去了！」他邊罵，邊攥緊了拳頭，我記得在那個時候，他還用厭惡的眼神，掃了我們一眼。

「我沒有不孝，」先生竭力控制住自己，「我們負擔也重的，你知道嗎？」

「你會有報應！」公公突然爆發了，「奉養父母，天經地義，你們有壓力？我沒有？開這種口，不孝！」

我朝上瞪起了眼睛，臉上肌肉扭動著，像赤腳踩了火爐似的，哽咽著不哭出來。說我們不孝，這不現實。我竭力控制住自己，沉默了一會兒，結束了討論。奉養父母，天經地義；我如果不還公公的房貸，就是不孝？

回家路上，公公的話，像跑馬燈似的，繞在我的大腦裡。壓力底下，我的思路變得異常清晰。我開始思考著，斟酌著，一路上琢磨著整個道理：

父母與子女之間，似乎不應有著「我年輕時養你，等我老了，你應當還我」的關係；你要知道，有「借」有「還」，那叫「借貸」；不「借」不「還」，那才叫「愛」。

「愛」是什麼？

「愛」像「禮物」——「禮物」是為了慶祝你的存在，為了讓你開心，在乎你、珍惜你，為了替你做點什麼，沒有任何目的，送你的東西——這是無條件的給予，無條件地付出，不期待你「還」回來。

只有「債」才需要還，而且「連本帶利」地還；「愛」是不用還的，因為愛會「滿出來」，能「給出去」，用也用不完。

父母與子女之間，沒有「債」，只有「愛」——這種「愛」是自然的、沒有壓力的，不需要承諾，卻一定會升起的——這是「感激」，也是「信任」。

如果有任何人，拿我接受的「禮物」，要求我償還「債務」；那不是我該接受的，那不是我該服從的；我不應有愧疚感，那是他對「愛」的誤解；那是他對「父母與子女關係」的誤解，我必須送走，我必須擺脫，不感到焦慮，不感到困惑。

經過這麼多年，我才體會到，在父母與子女的金錢糾紛上，「孝順」是個完美的藉口——太多父母，把自己的欲望、自己的生活、自己的夢想，放在孩子的背上，用「孝順」操控孩子，讓別人背自己的背包。

你必須勇敢，你必須挺起胸膛，為自己戰鬥。

很多時候，父母不是真的需要你，他們只是不負責任而已。

你要記住，真的遇到類似我的情境時，你必須分辨什麼你能給，什麼你不能給；如果父母威脅著要收回感情（罵你不孝），或者冷漠對待你（跟你冷戰）；這是威脅，也是手段，你要往前站一步，不要後退，不要妥協。

這個世界上，永遠、永遠、永遠、永遠，都會有人愛你。

如果給你生命的人，讓你不快樂了，讓你背負了壓力，你永遠還能從很多關係裡，得到快樂、得到給予跟愛，不要退縮，不要放棄。

跟自己站在一起。

第15章

不幫，害了他怎麼辦？

那一天是九月的最後一天，像受到召喚，小K來找我。小K的哥哥欠下三十二萬元的卡債，她前來諮詢，想知道該怎麼做。

起初，一切都很平靜。小K解釋自己的處境，聲音沙啞，語調冷靜；但突然之間，她開始無聲地哭了起來。

「如果我不幫忙還，他怎麼辦？」小K低聲啜泣，「如果他被黑道恐嚇、騷擾，這樣……這樣的話……」她停住了，喉嚨哽噎著，想盡力不嚎啕大哭起來。

「能幫多久呢？」我說著把手伸過桌子，緊緊握了握小K顫抖的手。「妳已經幫好幾次了，不是嗎？」

「我知道他沒有改，可這太恐怖了，老師，妳不懂，撒手不管的壓力有多大。」小K竭力控制自己，用手掌擦了擦眼淚，雙眼通紅。我覺得，小K一定筋疲力盡了。「他如果出了什麼事，我覺得是我害的。」

不幫忙還債，弟弟如果被追債、威脅、恐嚇……，就是小K害的嗎？

突然之間，我眼睛溼潤，若有所思。

再談了一會兒，我結束諮商，轉身在桌子上的一張白紙，大大的寫下「傷害」兩個字，用力畫了叉叉：

傷害是什麼？傷害是苦難。

苦難塑造我們，精煉我們，使我們蛻變。

很多人告訴我，他在人生最黑暗的谷底，學會低頭、學會敬拜、臣服。有個罹癌的朋友跟我說，從生病的那天起，她才懂得，怎麼活著；怎麼活得有意義——事實上，所有的傷害，都隱含著善意，這是我切切實實的，人生體會。

十六年前，那場大火，看似是場重擊。

我家的債務，雪上加霜；我的精神壓力，陡然上升；我霎時受到「傷害」，而且是摧毀式的傷害；火災之後，我才像大夢初醒一樣，檢視我的財務報表，檢討我的生活習慣，學習理財知識——透過學習，我才在原地提升，走出傷害，學到教訓，拿到「禮物」。

人為什麼會欠卡債？因為他習慣不好。

人為什麼會欠還不起的房貸？因為他知識不足。

在我看來，**每一個財務危機，財務傷害，都源於學習不足。因為不懂，所以受傷；因為不懂，所以受苦；我們該做的，是學會該學的東西，從苦難裡、傷害裡，修正自己、認識自己，逐步向上。**

我認為，人生，靠努力是沒有用的。人生中的所有問題，不像一道斜坡，不是往前努力，就會一路往上；人生中的所有問題，都像一道階梯——突破一個難點，就往上跳一階；突破不了難點，就原地一直跳、一直跳、一直跳，跳不過去。為了跳過階梯，我們要犯錯，要承擔，要學習。

人只有承受自己的苦難，真的懂了，才有可能學會，該學的東西，修完該休的理財學分，拿到該拿的禮物。

所以，不要自己擋自己，不要自己擋別人。記住，**拉出界線，不是害人。**

界線是防禦；防禦，不只為了自己。

結語
面對問題，不讓親情成為財務枷鎖

你要知道，攻打敵人，非常容易；攻打家人，非常困難。我們每一個人，都能拒絕一個陌生人，但對父母、家人、朋友，我們無法說不。父母、家人、朋友扶養、扶持我們，於我有恩。拒絕他們，意味著更大的痛苦，更大的糾結：「我怎麼可以……那是我自己的爸爸啊……他養我長大？」

面對家人的金錢勒索，我們都會卡住。一種自責的情緒，會征服我們、擊潰我們；其中的兩難，比真實的戰爭，更掙扎、更慘烈，更足以消耗心智，讓人崩潰。於是，我們都想逃跑。我們想順著父母、家人的意志，奴役自己、鞭策自己；但逃得越遠，狀況越糟。

還了爸爸的卡債，然後呢？他再欠，你再還？

付了妹妹的頭期款，然後呢？姪女的學費，你再給？

逃得越遠，問題越大，不是越小；不劃界線，關係不是更好，而是更糟；我們必須打這場仗，挺身，迎向問題，向前。

在戰爭之中，你必須把你的戰車，置於兩軍對立的中間。如果你已經在一邊之中，你就無法看清兩邊。

站在中間，我們能看著「依賴的」那邊，也看著「被依賴的」那邊；看著「勒索的」那邊，也看著「被勒索的」那邊；站在中間，我們看清楚真相、看清楚本貌、看清楚因果；在混亂中找到和諧，在糾葛中看清因緣，在壓迫、勒索的事件中，洞察人性的軟弱，這是「智慧」。

一個有智慧的人，將洞察全局，明白如何行動。即使行動會帶出糾紛、帶出困惑，但「有智慧」的人，會承擔責任，坦然接受結果。

我期待你困惑，我期待你行動。

每件事都有好的結局。每個衝突都是好的衝突。

當我們看到問題，想要解決問題的時候，我們已經戰鬥起來，我們已經邁向勝利，已經解脫。

不要等了。

起身，行動。

HEART
心|視野 心視野系列 065

與家人的財務界線

富媽媽教你釐清家人的金援課題，妥善管理親情的金錢漏洞

作　　者　李雅雯（十方）
總 編 輯　何玉美
主　　編　林俊安
封面設計　FE 工作室
內文排版　黃雅芬

出版發行　采實文化事業股份有限公司
行銷企劃　陳佩宜・黃于庭・馮羿勳・蔡雨庭・王意琇
業務發行　張世明・林踏欣・林坤蓉・王貞玉・張惠屏
國際版權　王俐雯・林冠妤
印務採購　曾玉霞
會計行政　王雅蕙・李韶婉
法律顧問　第一國際法律事務所　余淑杏律師
電子信箱　acme@acmebook.com.tw
采實官網　www.acmebook.com.tw
采實臉書　www.facebook.com/acmebook01

I S B N　978-986-507-096-0
定　　價　350 元
初版一刷　2020 年 3 月
初版四刷　2020 年 5 月
劃撥帳號　50148859
劃撥戶名　采實文化事業股份有限公司
104 台北市中山區南京東路二段 95 號 9 樓
電話：(02)2511-9798　傳真：(02)2571-3298

國家圖書館出版品預行編目資料

與家人的財務界線：富媽媽教你釐清家人的金援課題，妥善管理親情的金錢漏洞 / 李雅雯（十方）著 . – 台北市：采實文化，2020.03
280 面 ; 14.8×21 公分 . --（心視野系列 ; 65）

ISBN 978-986-507-096-0（平裝）

1. 家庭理財

421　109001288

采實出版集團
ACME PUBLISHING GRO

廣告回信
台北郵局登記證
台北廣字第03720號
免貼郵票

采實文化 采實文化事業有限公司

104台北市中山區南京東路二段95號9樓

采實文化讀者服務部　收

讀者服務專線：02-2511-9798

HEART
心|視野 **心視野系列**專用回函

系列：心視野系列065
書名：**與家人的財務界線**

讀者資料（本資料只供出版社內部建檔及寄送必要書訊使用）：

1. 姓名：
2. 性別：□男 □女
3. 出生年月日：民國 年 月 日（年齡： 歲）
4. 教育程度：□大學以上 □大學 □專科 □高中（職） □國中 □國小以下（含國小）
5. 聯絡地址：
6. 聯絡電話：
7. 電子郵件信箱：
8. 是否願意收到出版物相關資料：□願意 □不願意

購書資訊：

1. 您在哪裡購買本書？□金石堂 □誠品 □何嘉仁 □博客來
   □墊腳石 □其他：____________________（請寫書店名稱）
2. 購買本書日期是？______年______月______日
3. 您從哪裡得到這本書的相關訊息？□報紙廣告 □雜誌 □電視 □廣播 □親朋好友告知
   □逛書店看到 □別人送的 □網路上看到
4. 什麼原因讓你購買本書？□喜歡心理類書籍 □被書名吸引才買的 □封面吸引人
   □內容好 □其他：________________________________（請寫原因）
5. 看過書以後，您覺得本書的內容：□很好 □普通 □差強人意 □應再加強 □不夠充實
   □很差 □令人失望
6. 對這本書的整體包裝設計，您覺得：□都很好 □封面吸引人，但內頁編排有待加強
   □封面不夠吸引人，內頁編排很棒 □封面和內頁編排都有待加強 □封面和內頁編排都很差

寫下您對本書及出版社的建議：

1. 您最喜歡本書的特點：□實用簡單 □包裝設計 □內容充實
2. 關於心理領域的訊息，您還想知道的有哪些？

____

____

3. 您對書中所傳達的內容，有沒有不清楚的地方？

____

____

4. 未來，您還希望我們出版哪一方面的書籍？

____

____

HEART

心|視野

HEART
心|視野